Hunde-senioren

mit Martin Rütter

Hunde — senioren

mit Martin Rütter

ZUSAMMENLEBEN
MIT GRAUEN SCHNAUZEN

KOSMOS

1 Leben mit Hundesenior

Der gemeinsame Weg ... 8
Vom schnellen Sprinter zum Genießer 10
Auf die Bedürfnisse einstellen ... 10
Wie alt können Hunde werden? ... 14
Vergleich Alter: Mensch – Hund ... 16
Altersanzeichen beim Hund ... 16
Entwicklung von Mensch und Hund ... 18

MEIN TIPP — Martin Rütter zeigt, wie es gelingt.

WICHTIG — Informationen zum Thema

2 Gesundheit

Aktivität hält gesund ... 28
Tägliche Pflege ... 29
Ernährung im Alter ... 38
Häufige Alterskrankheiten ... 40
Nachlassen der Sehfähigkeit ... 41
Nachlassen der Hörfähigkeit ... 45
Vibrationshalsband ... 48
Stubenunreinheit ... 51
Probleme mit den Gelenken ... 52
Tumoren ... 56
Abschied nehmen ... 60

3 Alltag

Begegnungen mit Hunden 74
Kleine Runden und viel Schlaf 74
Gewohnheiten beibehalten 76
Regelmäßiger Tagesablauf 77
Spaziergänge gestalten 79
Besondere Aufmerksamkeit 82
Nützliche Hilfen im Alltag 86
Leben mit mehreren Hunden 96
Aufnahme eines alten Hundes 102
Tierschutzhunde 102
Enge Bindung auch im Alter 106

4 Beschäftigung und Training

Die Welt langsam erkunden 112
Leckerchen erschnüffeln 114
Spuren verfolgen 116
Suche nach Gegenständen 119
Trickschule 122
Apportierbegeisterte Senioren 126
Mobility, Degility und Hoopers 128
Distanztraining 136
Training im Wasser 142
Cavalettitraining 144
Massage für Hunde 148

1

Leben mit einem Hundesenior

Holen wir uns einen Hund in die Familie, dann denken wir zuerst einmal an gemeinsame Ausflüge und an vielfältige Ausbildungsmöglichkeiten.

Wir möchten uns mit unserem Hund in der Natur aufhalten, aktiv sein und uns sportlich betätigen. Und die ersten Jahre mit Hund gestalten sich auch meist so, wenn es nicht schon im jungen Alter Einschränkungen gibt.

Doch dann, „auf einmal", wird der geliebte vierbeinige Partner älter und das gemeinsame Leben kann nicht mehr so wie sonst gestaltet werden. Je nach Rasse/Größe beginnt der Alterungsprozess beim Hund schon mit 8 bis 10 Jahren. Und das muss uns allen bewusst sein, wenn wir uns für ein Leben mit einem Hund entscheiden.

Daher sollten Sie sich schon mit dem Einzug eines Hundes in die Familie Gedanken darüber machen, wie das gemeinsame Leben mit Ihrem vierbeinigen Freund auch im Alter aussehen könnte. Denn das Alter geht nicht nur bei uns Menschen, sondern auch beim Hund mit körperlichen und auch geistigen Einschränkungen einher. In Bezug auf die Anschaffung eines Hundes, egal ob Welpe oder erwachsener Hund, weise ich oft darauf hin, dass kein Hund die Entscheidung trifft, bei einem Menschen zu leben. Wir entscheiden für den Hund, wir holen ihn von seiner Mutter und den Geschwistern weg oder nehmen ihn aus dem Tierheim oder anderen Lebensumständen auf. Er wird gezwungen, sich an uns und unser Leben sowie unseren Lebensrhythmus anzupassen. Und genau das funktioniert in den meisten Fällen auch wunderbar, denn Hunde sind hervorragend darin, sich auf den jeweiligen Menschen und ein neues Leben mit vollkommen unterschiedlichen Bedingungen und Gegebenheiten einzustellen.

Ob groß oder klein, Hundesenioren haben einen ganz besonderen Charme.

Ist es dann nicht nur fair, wenn sich auch der Mensch an den alten Hund anpasst und dessen Bedürfnisse in den Vordergrund stellt?

Der Ausspruch: „Jeder will alt werden, aber keiner will es sein!" von Martin Held passt hier hervorragend. Jeder wünscht sich, dass sein Hund möglichst lange lebt und so alt wie nur möglich wird. Doch dass das Alter auch beim Hund mit vielen Einschränkungen verbunden ist, die auch den Zweibeiner und das gemeinsame Leben betreffen, daran denkt erst einmal niemand.

DER GEMEINSAME WEG

Das Leben mit einem alten Hund wird sich verändern, bei dem einen mehr, dem anderen weniger. Dies bedeutet u. U., dass die Lebensgewohnheiten deutlich umgestellt werden müssen. Manches davon kommt überraschend, vieles ist aber auch absehbar. Wer sich einen Molosser anschafft, obwohl er in einer Wohnung im 4. Stock – natürlich ohne Aufzug – wohnt, sollte sich frühzeitig überlegen, wie der Hund im Alter in die Wohnung bzw.

Martin Rütter und seine Golden Retriever-Hündin Mina, die Martin 16 Jahre lang begleitet hat, hatten eine innige und vertraute Beziehung.

nach draußen gelangen soll. Denn viele alte Hunde sind körperlich so eingeschränkt, dass ihnen das Treppenlaufen schwerfällt. Und wer nicht gerade ein Bodybuilder ist, wird einen Hund von ca. 90 kg Körpergewicht nicht mal eben so die Treppe hinauf- oder hinuntertragen. Die Haltung eines so großen und schweren Hundes wird im Alter schnell zu einer ganz besonderen Aufgabe!

In den meisten Fällen muss sich der Zweibeiner von seinem Hund verabschieden, und nicht umgekehrt. Wie oft habe ich schon den Ausspruch gehört: „Ich wünschte, mein Hund könnte ewig leben ...!“ Und selbstverständlich, noch weitere gemeinsame Jahre, noch länger eng mit dem vierbeinigen Partner zusammen sein können, wer wünscht sich das nicht! Doch trotz Fortschritt in der Medizin, die schon vieles vollbringt und nicht nur uns Menschen, sondern auch dem Hund zu einem längeren Leben verhelfen kann: Wunder vollbringen kann sie noch nicht! Und wie wäre es, wenn der Hund 20 oder sogar 30 Jahre leben würde? Der Abschied fällt uns ja schon nach der relativ kurzen Zeit von 10 bis 15 Jahren schwer, das musste ich selbst mit meiner Hündin Mina bereits erfahren. Ein Vierteljahrhundert in enger Verbundenheit – der Verlust wäre für viele wohl nahezu unerträglich.

Das Zusammenleben mit einem Hundesenior rückt das eigene Leben viel mehr in unser Bewusstsein. Wir lernen, jeden gemeinsamen Tag zu genießen, denn es kann der letzte sein, und das gilt nicht nur in Bezug auf unseren vierbeinigen Freund, sondern generell für unser Leben. „Genieße den Augenblick“, so wie es unsere Hunde tun. Denn diese leben im Hier und Jetzt, kein Hund trauert der Vergangenheit hinterher oder macht sich Sorgen um die Zukunft. Das, was jetzt ist, das zählt, und sonst nichts. Wenn wir Menschen also mit Wehmut auf den alten Freund schauen, der tief schlafend neben uns auf dem Sofa liegt, hat der Hund solche Gefühle nicht. Er freut sich über jeden Tag, jede Stunde, jede Minute, die er mit uns verbringen darf.

So aktiv Mina in ihrer Jugend auch war, liebte sie es im Alter einfach im Garten zu liegen und zu dösen.

ZEIT – DAS SCHÖNSTE, WAS SIE IHREM HUND GEBEN KÖNNEN!

Schenken Sie Ihrem Hundesenior jeden Augenblick, den Sie ermöglichen können. Er wird sich über jede Minute freuen. Doch er wird auch keine Angst davor haben, dass Ihre gemeinsame Zeit einmal zu Ende geht. Er wird sein Leben genießen, bis zum letzten Augenblick, solange er nur bei Ihnen sein kann.

Aus eigener Erfahrung kann ich Ihnen versichern: Das Zusammenleben mit einem alten Hund, der seinen Menschen viele Jahre lang begleitet hat, ist einfach wundervoll. Viele gemeinsame Erlebnisse, sowohl positive als auch negative, Erfolge, berührende Situationen, all das schweißt zusammen, sodass eine tiefe Bindung entsteht. Man kennt sich genau, kennt die Stärken und Schwächen des anderen, versteht sich blind – fast ohne Worte.

Dieses wunderbare Gefühl, eine feste Einheit mit seinem Hund zu sein, ist eine der schönsten Erfahrungen, die man machen kann. Genießen Sie daher jeden Tag mit ihrem alten Freund, achten Sie noch mehr als sonst auf seine Bedürfnisse und schenken Sie ihm einen Teil Ihres Lebens.

Vom schnellen Sprinter zum Genießer

Natürlich möchte ich nicht behaupten, dass alle alten Hunde krank, stark eingeschränkt und pflegebedürftig sind. Wie heißt es so schön? Altern ist keine Krankheit! Das Leben verändert sich lediglich, und mit den körperlichen und geistigen Möglichkeiten ändern sich oft auch die Interessen und Motivationen. War es dem Jungspund noch wichtig, jedem Vogel im Park hinterherzujagen oder beim Ertönen der Klingel zur Haustür zu rennen, zeigt sich die Weisheit des Alters darin, dass der alte Hund ganz gelassen dem Vogel hinterherschaut oder bei Besuch nur dann aufsteht, wenn es sich wirklich lohnt, wenn also z. B. ein Leckerli oder aber eine Kuscheleinheit in Aussicht stehen.

Alte Hunde genießen ihr Leben jedoch genauso wie junge Hunde, sie setzen nur andere Prioritäten. Und wenn es die körperlichen Möglichkeiten noch zulassen, darf es auch gern mal ein ausgelassener Sprint oder aber ein genussvolles Wälzen in der Wiese sein.

Der 12 Jahre alte Bruce rennt zwar nicht mehr so schnell, doch ein Sprint macht ihm noch Spaß!

AUF DIE BEDÜFNISS EINSTELLEN

Es gibt also keinen Grund, alte Hunde zu bedauern, denn das Leben kann für sie noch genauso schön sein wie in früheren Jahren. Lediglich wir müssen lernen, uns auf die veränderten Bedürfnisse unseres Hundes einzustellen, den Lebensrhythmus anzupassen und zu akzeptieren, dass nach und nach Veränderungen eintreten. Für den Hund sind diese „ganz normal“, sie gehören zum Altwerden dazu. Und solange wir nichts Unmögliches von ihm verlangen, wird er die Veränderungen annehmen. Denn schließlich gibt es auch im Alter so viele Dinge, die Spaß machen, die unser Hund erleben kann und die ihn zufriedenstellen. Sei es, einen besonders guten Leckerbissen abzustauben (den wir dem alten Hund ehrlicherweise doch oft und gern gönnen ...), ganz in Ruhe draußen einer Spur nachzugehen, das Fell von der Sonne wärmen zu lassen oder eben einfach nur die gemeinsame Zeit mit uns zu genießen.

Die 8 Jahre alte Mischlingshündin Akira hat immer noch viel Spaß am Training mit dem Futterbeutel, auch wenn sie mittlerweile länger braucht, um den Beutel zu suchen und zu bringen.

Das Zusammenleben mit einem alten Hund gleicht oftmals dem eines lange verheirateten Ehepaars. Man versteht sich ohne Worte, ein kurzer Blick reicht ... Mensch und Hund sind zu einer Einheit geworden, das Leben ist entspannt und ohne große Diskussionen, wie man sie mit dem pubertierenden Junghund bzw. dem gerade erwachsenen Hund häufig führen muss. Jeder kennt den anderen genau, seine Bedürfnisse, seine Vorlieben, aber natürlich auch seine Macken und Probleme. Wenn der Hund den Artgenossen vom Haus gegenüber halt nicht leiden kann, dann weicht man ihm auf dem Spaziergang einfach aus. Wozu sich noch groß aufregen?

TROTZ ALTER AKTIV

Ein alter Hund will jedoch keinesfalls auf das Abstellgleis geschoben werden. Diese Gefahr besteht leider häufig, wenn zusätzlich ein jüngerer Hund ins Haus kommt. Der alte Hund „darf" sich nun ausruhen, entspannen, braucht keinen Stress mehr. Dabei vergisst man aber, dass auch alte Hunde gern aktiv und unterwegs sind und sich über die gemeinsame Beschäftigung mit ihrem Menschen freuen. Und dies gilt umso mehr, je aktiver Hund und Halter in den vorherigen Jahren waren. Ein Hund, der jahrelang mit seinem Menschen mehrfach die Woche beim Hundesport aktiv war und jedes zweite Wochenende auf Prüfungen gestartet ist, wird die Welt nicht mehr verstehen, wenn er nun Zuhause bleiben soll, während Herrchen oder Frauchen mit dem jüngeren Hund fortgehen.

Aber natürlich braucht ein alter Hund nicht mehr so viel Bewegung und Beschäftigung wie ein junger Hund. Die Spaziergänge werden kürzer, es wird mehr geruht und tiefer geschlafen. Ein alter Hund, der sich wohl in seinem Leben fühlt, strahlt eine Ruhe und Gelassenheit aus, wie man sie bei einem jungen Hund nicht finden wird. Gern darf es öfter mal auch etwas gemütlicher zugehen. Aber mal ehrlich ... gibt es etwas Schöneres, als gemeinsam mit seinem alten Hund auf dem Sofa zu liegen und dabei dem leisen Schnarchen des Hundes zu lauschen? Und wenn es dann noch draußen stürmt und regnet, ist der Gedanke, dass eine ganz kurze Gassirunde ausreicht, auch nicht zu verachten.

Melanie und Dolores Hofmann mit Foxy

Foxy ist ein Jack Russell Terrier-Mädchen und im Alter von 8 Wochen vom Bauernhof zu uns gekommen. Sie war günstiger als ihre Geschwister, weil sie einen Überbiss hatte, ein richtiges Schnäppchen also. Die anderen Familien wollten sie aufgrund ihres Fehlers nicht, ich fand sie aber gerade deshalb besonders. Und wir blieben über alle Lebensphasen zusammen: Welpenalter, Pubertät, Erwachsensein und letztlich auch das Alter.

Dass Foxy alt wird, wurde mir das erste Mal so richtig bewusst, als ich mit ihr Agility ausprobieren wollte. Da war sie ca. 12 Jahre alt! Sie hat alle Übungen gemeistert. Doch als ich sie noch einmal durch den Reifen schicken wollte, setzte sie sich hin, legte den Kopf schief und sah mich ganz müde an. Ihr Blick sagte deutlich: „Es reicht doch jetzt wirklich, ich schaffe nicht noch eine Runde." Bis zu diesem Zeitpunkt war sie immer bei jedem Spaziergang mit dabei, war mit unseren anderen Hunden mitgelaufen, hat unermüdlich apportiert. Nach diesem Erlebnis habe ich aber bewusster darauf geachtet, was ich Foxy noch zumuten konnte, denn ich wollte sie auf keinen Fall überfordern.

Ein Jahr später kam dann der große Schock, mit fast 13 Jahren erkrankte sie am Vestibularsyndrom. Ich machte mir große Sorgen um mein Ömchen, aber ich

Jack Russell Terrier-Hündin Foxy ist mit ihren knapp 16 Jahren ein geliebtes Mitglied der ganzen Familie und wird auch von der großen Mischlingshündin Tink voll akzeptiert.

Seit der Erkrankung am Vestibularsyndrom hat Foxy eine leicht schiefe Kopfhaltung.

muss sagen, dass sie sich wirklich sehr gut davon erholt hat. Lediglich die leicht schiefe Kopfhaltung blieb. Vielleicht war sie noch etwas tüddeliger durch den Anfall geworden, vielleicht lag es aber auch einfach an ihrem Alter, ich hatte damals plötzlich große Angst um sie. Nach dem Anfall habe ich viel geweint, da ich mich bewusst damit auseinandersetzen musste, dass wir irgendwann nicht mehr jeden Tag zusammen sein können. Doch letztlich konnte ich dann diese letzten drei Jahre mit ihr umso mehr genießen, da mir klar wurde, dass jeder Augenblick zählt und der Abschied einfach irgendwann zum Leben dazugehört.

Und … es gibt so viele schöne Momente, die einem ein Lachen ins Gesicht zaubern, auch heute noch in der Erinnerung. Der Rückruf ging mit etwa 15 Jahren leider gar nicht mehr, da sie nichts mehr hörte. Okay, nicht schlimm – kommt sie halt an die Leine. Aber man meint nicht, was die kleine Omma auf einmal laufen konnte, wenn es ihr plötzlich in den Sinn kam. So schnell kam ich gar nicht hinterher! Danach befand sie sich dann für mindestens einen Tag im Tiefschlaf, denn mit 15 Jahren Vollgas geben geht, strengt aber doch ungemein an. Beim Apportieren konnte es passieren, dass Foxy zum Futterbeutel rannte, ihn einmal ins Maul nahm, losließ und wieder zu mir zurückkam. Ohne Beutel. Wenn wir dann zusammen zum Futterbeutel liefen, freute sie sich total, dass der Beutel dort lag. Vermutlich hatte sie auf dem Rückweg schon längst vergessen, was sie eigentlich dort wollte. Auch die Sehkraft ließ irgendwann nach. Das bedeutete, dass sie immer wieder einmal nach dem Leckerchen schnappte, egal ob da jetzt der Keks oder ein Finger dazwischen war. Es konnte dann auch passieren, dass sie den Finger für einige Sekunden im Maul behielt und darauf herumkaute, bis sie merkte, dass es sich doch nicht um Futter handelte.

Im Alter entschleunigte sich nicht nur Foxy, sie entschleunigte mich gleich mit. Spaziergänge dauerten viel länger, obwohl sie von der Strecke tendenziell immer kürzer wurden. Manchmal blieb sie einfach stehen und schaute in der Gegend herum. Sie konnte auch ewig lang an einem spannend riechenden Grashalm schnuppern. Stellen, die ihr wichtig waren, wurden bis ins hohe Alter immer noch markiert. Oft sammelte sie sich danach kurz, brachte sich in Position und dann wurde heftig gescharrt. Dass sie dabei oftmals umkippte, da die Muskeln immer mehr abbauten, je älter sie wurde, spielte für sie keine Rolle. Andererseits vergaß sie manchmal sogar, dass sie sich lösen musste. Sie stand vor der Tür und wollte unbedingt hinaus. Draußen angekommen, schaute sie hier, schaute da, und rannte dann voller Freude zurück ins Haus. Dort angekommen, stellte sie fest, dass sie dringend musste, und ließ es laufen.

Im letzten Jahr wurde sie oft wach, stand auf und blieb mitten im Raum stehen. Ich musste dann zu ihr hingehen und sie von vorne oder von der Seite anstupsen. Sie schaute mich daraufhin ganz erstaunt an und taperte wieder zu ihrer Decke. Das konnte auch mitten in der Nacht passieren, sodass ich selbst oft nicht viel Schlaf bekam. Aber ganz ehrlich … ich habe das gern für meine alte Foxy getan. Es waren die Stunden, die uns eng verbanden.

Mit 16 Jahren und 2,5 Monaten wollte ihr Herz nicht mehr mitmachen. Deshalb haben wir uns schweren Menschenherzens entschlossen, Foxy gehen zu lassen. Wir waren alle zusammen und Foxy durfte in meinen Armen in eine andere Welt losdüsen. So zerbrochen, wie wir uns fühlten, fühlte es sich trotzdem aus tiefstem Herzen richtig an.

WIE ALT KÖNNEN HUNDE WERDEN?

Generell gilt, dass kleinere Hunde in der Regel ein höheres Alter erreichen als die großen Vertreter ihrer Art. Häufig sind sie zudem länger fit und haben weniger körperliche Einschränkungen, insbesondere in Bezug auf die Riesenrassen. Halter von Deutschen Doggen freuen sich bereits über das Erreichen des 8. Lebensjahres ihrer Vierbeiner. Schaut man sich dagegen einen Terrier in diesem Alter an, scheint er gerade erst in der Blüte seines Lebens zu stehen und kann locker das Doppelte an Jahren und oftmals sogar noch etwas darüber erreichen. Unter Jägern gibt es den Spruch:

5 Jahre ein junger Hund,
5 Jahre ein guter Hund,
5 Jahre ein alter Hund!

Und so rechnet man in der Tat bei den mittelgroßen Rassen wie dem Border Collie oder Dalmatiner, aber auch bei vielen Jagdhunden wie den Retrievern oder Vorstehhunden, mit einem durchschnittlichen Lebensalter von 13 bis 15 Jahren.

DIE ÄLTESTEN HUNDE

Der Australian Cattle Dog Bluey, der in Australien gute 20 Jahre im aktiven Arbeitseinsatz an den Schafen war, wurde laut seines Besitzers, Les Hall, 29 Jahre und 5 Monate alt, erreichte also ein geradezu unglaubliches Alter, bevor er 1939 verstarb. Australian Kelpie-Hündin Maggie starb 2016 im Alter von 30 Jahren. Für einen Eintrag im Guinnessbuch der Rekorde reichte es aber nicht, da Maggies Besitzer die Geburtsurkunde verloren hatte und somit keinen gesicherten Nachweis erbringen konnte. Auch wenn ein solches Alter natürlich die absolute Ausnahme darstellt, findet man im Internet immer wieder Berichte über Hunde, die weit über 20 Jahre alt sind. Dabei handelt es sich sowohl um Mischlinge als auch um Rassehunde, und erstaunlicherweise sind es nicht nur die sehr kleinen Rassen, die ein solches Alter erreichen. Bei den größeren Rassen liest man häufiger von Hütehunden wie dem Kelpie, Cattle Dog oder Border Collie, also Rassen, die speziell für anspruchsvolle Belastung bei harter Arbeit gezüchtet wurden. So ist es doch nicht wirklich erstaunlich, dass diese Hunde länger leben als andere Vertreter ihrer Art. Ungewöhnlich ist aber z. B. das Alter der Berner Sennenhündin Penny, die laut Angabe ihrer Familie 25 Jahre alt wurde. Bei so großen Rassen findet man ein solches Alter nun wirklich selten, wobei hinzukommt, dass es gerade bei Berner Sennenhunden große Probleme in Bezug auf das Erreichen eines hohen Alters gibt. Das Durchschnittsalter dieser Rasse wird mit etwa 8 Jahren angegeben, also deutlich unter dem Durchschnitt anderer Rassen ähnlicher Größe. Grund hierfür sind die vielen Krankheiten, unter denen Hunde dieser Rasse häufig leiden, wie z. B. Nieren- und Krebserkrankungen.

Offensichtlich bedingt beim Hund in der Regel jedoch die Größe das zu erwartende Alter: Je kleiner der Hund ist, desto älter kann er werden.

LEBENSERWARTUNG ANDERER TIERARTEN

Schaut man sich in der Natur andere Tierarten an, zeigt sich erstaunlicherweise genau das Gegenteil. Elefanten werden etwa 60 bis 70 Jahre alt, Nilpferde 40 bis 50 Jahre, Bären und Kühe 20 bis 30 Jahre, Maulwürfe dagegen nur 4 bis 6 Jahre und Hamster bzw. Mäuse sogar nur 2 bis 3 Jahre. Lange Zeit ging man davon aus, dass Ursache hierfür der langsamere Stoffwechsel sei. Doch Papageien und Sittiche, die nun wirklich nicht zu den großen Tieren gehören und mit einem Herzschlag von etwa 300-mal pro Minute mit Sicherheit keinen langsamen Stoffwechsel haben, passen leider so gar nicht in diese These. Was wirklich für ein langes Leben verantwortlich ist, konnte bisher nicht eindeutig geklärt werden. Diskutiert wird u. a. die Lebensweise (wenig Feinde, gesicherte Lebensbedingungen), die Ernährung (Nahrung, die sich nicht schnell bewegt/vegan/vegetarisch), die Aktivität (je weniger aktiv, desto älter), aber auch genetische Faktoren sollen eine Rolle spielen.

Mit seinen 18 Jahren gilt der Mischlingsrüde Charly als Methusalem unter den Hunden. Martin Rütter stützt ihn, da er manchmal schon sehr wackelig auf den Beinen ist.

EINFLÜSSE AUF DAS ALTER BEIM HUND

Dass Umwelteinflüsse, und hier insbesondere die Ernährung und Haltung des Hundes in Bezug auf das Alter eine Rolle spielen, ist längst bekannt. Defizite können die Lebenserwartung deutlich verkürzen, aber auch ein „Zuviel" kann sich negativ auswirken. Genauso wie beim Mensch führt Übergewicht beim Hund zu Herzkrankheiten, Diabetes und Gelenkserkrankungen. Bei Wildtieren gibt es diese Problematik kaum, denn ein Überangebot an Nahrung besteht nur selten dauerhaft. Beim Haushund ist das jedoch anders. Gerade in der heutigen Zeit, in der das schlechte Gewissen über fehlende Zeit für Auslastung und Beschäftigung mit einem Extra-Leckerli beruhigt wird, ist Adipositas ein immer häufiger auftretendes Problem.

Natürlich kann auch das Gegenteil, also zu große Beanspruchung zu einer Verkürzung der Lebenszeit führen. Auch wenn heutzutage die wenigsten Hunde noch im „harten Arbeitseinsatz" stehen und diesbezüglich gefährdet sind, muss man diesen Gedanken für Hunde im Sporteinsatz, die eine bestimmte Leistung erbringen müssen und dafür regelmäßig trainiert werden, doch berücksichtigen. Aber auch andere Umwelteinflüsse, auf die wir keinen bis wenig Einfluss haben, wie z. B. die CO_2-Belastung der Luft, die Belastung von Nahrungsmitteln etc., die genauso wie bei uns Menschen zu einer verkürzten Lebensdauer führen können, beeinflussen das Alter des Hundes.

Ein entscheidender Faktor spielt auch die tägliche Bewegung. Dass Bewegung zu einer gesunden Lebensweise gehört, ist bei Menschen bereits bekannt, denn dadurch wird der Stoffwechsel aktiviert. Vergleicht man nun das Leben eines kleinen mit dem eines großen Hundes, wird schnell klar, dass kleine Hunde sich deutlich mehr bewegen. Sie brauchen nicht nur mehr Schritte, um sich im Alltag in Haus und Garten zu bewegen, auch der tägliche Spaziergang bedeutet für den kleinen Hund proportional zu seiner Körperlänge gesehen deutlich mehr Weg als für den großen Hund.

Fazit: Große Hunde altern offenbar schneller als kleine Hunde. Wie alt ein Hund nun aber wirklich wird, lässt sich niemals vorhersagen. Und das ist auch gut so.

LEBENSERWARTUNG HÜNDIN/RÜDE

Bei Hunden ist es übrigens ähnlich wie bei uns Menschen in Bezug auf Frauen und Männer: Hündinnen leben durchschnittlich länger als Rüden, was in einer Studie an Leonbergern nachgewiesen werden konnte (Zaminer, 2011). Die Leonberger-Hündinnen lebten im Durchschnitt etwa ein halbes Jahr länger als die Rüden dieser Rasse. Ursächlich hierfür ist offensichtlich der Einfluss von Östrogen, wie in einer Studie an Rottweilern nachgewiesen werden konnte (Waters et al., 2011). Hierbei zeigte sich, dass die Hündinnen, die erst später, also mit etwa 6 bis 8 Jahren kastriert wurden, eine deutlich höhere Lebenserwartung hatten als Hündinnen, die bereits früh kastriert wurden.

VERGLEICH ALTER: MENSCH – HUND

Früher sagte man, dass ein Hundejahr sieben Menschenjahren entspricht. Doch ist eine solch allgemeine Zuordnung überhaupt zutreffend?

Wenn man die unterschiedliche Entwicklung der Hunde je nach Größe/Rasse betrachtet, kann eine solche Richtlinie wirklich nur ein grobes Maß vorgeben. Da in Bezug auf das Lebensalter Unterschiede von bis zu 10 Jahren bestehen (großer Hund 8 bis 10 Jahre, kleiner Hund 16 bis 18 Jahre), kann eine solche Formel nicht für alle Hunde zutreffen. Hinzu kommt, dass die Entwicklung des Hundes nicht linear verläuft. Die Entwicklung von der Geburt des Welpen über den Junghund, den pubertierenden Hund bis zum jung-erwachsenen Hund vollzieht sich in der Regel innerhalb des ersten Lebensjahres. Danach folgen viele Jahre des erwachsenen Hundes, bevor dann die ersten Alterserscheinungen einsetzen.

ALTERSANZEICHEN BEIM HUND

SINNESLEISTUNGEN

Mit zunehmendem Alter lassen das Gehör des Hundes sowie die Augenleistung nach. Dass der Hund nicht mehr so gut hört, fällt vielen Menschen oftmals erst dann auf, wenn er fast vollständig taub ist. Dies liegt daran, dass Hunde aufmerksame Beobachter sind und ihren Menschen sehr gut lesen können, auch ohne Hörzeichen oder Worte zu verstehen. Die Verschlechterung des Sehens dagegen beeinträchtigt den Hund viel mehr, sodass viele Hunde eine deutliche Einschränkung der Aktivität oder sogar generelle Verunsicherung zeigen. Zudem ist gerade der altersbedingte graue Star auch für den Menschen gut sichtbar, die Augen des Hundes werden im Bereich der Linse grau. Die Riechleistung des Hundes kann im Alter ebenfalls abnehmen, jedoch fällt uns Menschen dies meist kaum auf, da der Hund selbst mit abnehmender Riechleistung immer noch so viel besser riechen kann als wir!

VERGLEICH ALTER MENSCH – HUND

	ALTER HUND	3 Wochen	6 Wochen	8 Wochen	6 Mon.	12 Mon.	18 Mon.	2	3	4	5	6	7
MENSCHENJAHRE	**Große Rassen über 45 kg**	6–9 Mon.	2–3 Jahre	5 Jahre	7	10	13	18	25	35	45	55	65
MENSCHENJAHRE	**Mittlere Rassen 15–45 kg**	6–9 Mon.	2–3 Jahre	6 Jahre	10	12	15	20	26	32	38	45	51
MENSCHENJAHRE	**Kleine Rassen bis 15 kg**	6–9 Mon.	2–3 Jahre	6 Jahre	12	15	18	22	27	32	37	42	47

Die 9 Jahre alte Schäferhündin Jule hat nur viele einzelne weiße Haare an der Brust und am Bauch.

Das Fell der 12 Jahre alten Mischlingshündin Trixi ist an der Schnauze bereits komplett weiß.

VERÄNDERUNG DES FELLS

Das Fell des Hundes verändert sich ebenfalls, er bekommt weiße Haare: Zunächst am Kopf, beginnend an der Schnauze, meist unter dem Kinn, dann auch an den Augenbrauen bzw. im ganzen Gesicht. Bei einigen Hunden findet man die weißen Haare aber auch am ganzen Körper, hier insbesondere an den Pfoten und am Unterbauch. Anfangs tauchen nur einige vereinzelte weiße Haare auf, später sind ganze Bereiche komplett weiß. Dabei gilt: Je dunkler die Fellfarbe des Hundes ist, desto eher fallen die weißen Haare auf. Bei Hunden mit weißer Fellfarbe ist dieses Altersanzeichen daher natürlich nicht zu beobachten. Dagegen kann man bei Hunden mit weißem Fell und andersfarbigen Flecken, wie z. B. beim Dalmatiner oder English Pointer, feststellen, dass die Flecken auf einmal nicht mehr so klar abgegrenzt wirken.

Doch wodurch entsteht die weiße Fellfarbe? Hierbei spielt der Farbstoff Melanin eine Rolle. „Die Haare sind entweder weiß oder farblos, verursacht durch einen im Alter erschwerten Abbau von Wasserstoffperoxid, das dann wiederum eine verminderte Produktion des Farbstoffes Melanin nach sich zieht. Das fehlende Melanin führt zu einer Hypopigmentierung und wird durch Einlagerung von Luftbläschen in den Haarschaft ersetzt. Solche Haare erscheinen für das menschliche Auge weiß." (Strodtbeck, 2015, S. 141)

8	9	10	11	12	13	14	15	16	17	18
75	85	95								
58	64	70	76	82	88	94	100			
52	57	62	67	72	77	82	87	92	97	102

Entwicklung von Mensch und Hund

Gerade die ersten Meilensteine der Lebenszeit des Hundes lassen sich gut mit denen des Menschen vergleichen.

1 Welpe = Kleinkind

In den ersten 3 Wochen ist der Welpe auf die Versorgung durch die Mutterhündin angewiesen, dieser Zeitraum entspricht daher dem des menschlichen Babys. In den darauffolgenden 4 bis 5 Wochen kann man den jungen Welpen zunächst mit einem Kleinkind im Krabbelalter, später dann mit einem Kleinkind im Kindergartenalter vergleichen.

2 Junghund = Teenager

Beim Wechsel des Welpen in die neue Familie mit 8 bis 10 Wochen entspricht dieser vom Entwicklungsstand her fast dem eines Schulkinds. Ganz deutlich ist dann der Eintritt der Pubertät, beim Hund je nach Größe/Rasse mit 6 bis 9/12/18 Monaten, sodass der Hund nun dem 12- bis 14-jährigen Teenager entspricht. Schon hier wird also mehr als deutlich, dass die Theorie „1 Hundejahr = 7 Menschenjahre“ insbesondere im ersten Lebensjahr des Hundes kaum zutreffen kann.

3 Jung-Erwachsener

Mit 1,5 bzw. 2 Jahren entspricht der jung-erwachsene Hund dann dem 18-jährigen Menschen: scheinbar erwachsen, aber noch nicht wirklich gereift! Dies tritt dann erst im Alter von 2,5 bis 3 Jahren ein, der Hund ist zu einer erwachsenen Persönlichkeit herangereift und entspricht damit etwa dem menschlichen Alter von 25 Jahren.

4 Erwachsener

Mit 4 bis 5 Jahren ist der Hund dann in der Mitte seines Lebens, also entsprechend des menschlichen Alters von 35 bis 45 Jahren. Wie lange diese Zeit andauert, hängt wieder von der Rasse/Größe des Hundes ab.

5 Senior

Bei großen Hunden setzt mit 6 Jahren der Alterungsprozess ein, mit 7 bis 8 Jahren gilt ein solcher Hund bereits als sehr alt, vergleichbar mit dem menschlichen Alter von etwa 70 bis 80 Jahren. Bei mittelgroßen Hunden beginnt das Altern mit etwa 9 bis 10 Jahren, bevor sie dann mit 12 bis 14 Jahren richtig alt sind. Bei kleinen Hunden startet dieser Prozess erst mit 12 bis 14 Jahren und sie kommen erst mit 16 bis 18 Jahren ins hohe Alter.

WANN ERGRAUT EIN HUND?

Wann und wie stark ein Hund „ergraut“, ist individuell. So gibt es Hunde, bei denen bereits in jungen Jahren ein Bärtchen zu sehen ist, andere dagegen haben selbst mit 12 Jahren noch kaum ein weißes Haar. Hierbei unterscheiden sich unsere Hunde also nicht von uns Menschen, die Veranlagung ist genetisch individuell bedingt. Nicht damit gemeint sind Veränderungen der Fellfarbe durch Krankheiten, die es natürlich auch beim Hund gibt, wie z. B. bei Vitiligo, der Weißfleckenkrankheit, bei der sich weiße Hautflecken, beim Hund weißes Fell, an verschiedenen Körperstellen bilden. Der Ausbruch dieser Krankheit kann in jedem Lebensalter erfolgen. Der bekannteste an Vitiligo erkrankte Hund ist wohl der schwarze Labrador Retriever-Rüde Rowdy, bei dem das Fell um beide Augen in einem breiten Ring komplett weiß ist.

Vizsla-Hündin Arany hat mit 7 Jahren bereits einige weiße Haare im Gesicht.

HAUT UND KRALLEN

Der alte Hund wird nicht nur langsamer und ruhiger, auch der Stoffwechsel verlangsamt sich im Alter deutlich. Aufgrund der dadurch bedingten schlechteren Durchblutung der Haut und Haarwurzel, werden die Haare oft starr und spröde, die Haut wird trocken und schuppig, das Fell wirkt stumpf. Regelmäßige Fellpflege ist nun besonders wichtig, damit das Haar nicht verfilzt. Zum Teil kann die Unterwolle auch ausfallen, das Fell wird dünner, da die Regenerationsfähigkeit der Haare nachlässt. Es können sogar vollkommen kahle Stellen im Fell entstehen. Die Haut des Hundes wird im Alter oft dicker, auch an den Pfotenballen, sodass diese immer gut auf Risse kontrolliert werden müssen. Die Krallen werden ebenfalls dicker, aber auch brüchiger. Das Schneiden der Krallen wird daher mit zunehmendem Alter immer schwieriger, sollte jedoch regelmäßig durchgeführt werden. Sind die Krallen so lang, dass sie weit überstehen, fällt besonders dem alten Hund das Laufen auf harten Böden schwer.

IMMUNSYSTEM

Das Immunsystem wird ebenfalls schlechter, der alte Hund neigt also schneller dazu, sich z. B. an einer Magen-Darm-Erkrankung anzustecken. Generell lässt die Darmtätigkeit des alten Hundes nach, sodass er öfter an Verstopfungen leiden kann. Die Magenschleimhaut verschlechtert sich und es kann vorkommen, dass der alte Hund nicht mehr alles Futter verträgt. Auch häufigeres Erbrechen ist zu beobachten und viele alte Hunde fressen nicht mehr so gern. Die Nierenfunktion lässt nach und der Blasenschließmuskel kann häufig nicht mehr kontrolliert werden, sodass viele alte Hunde inkontinent werden. Bei unkastrierten Rüden kann es zu einer vergrößerten Prostata kommen, was zu Problemen beim Urinieren führen kann.

GELENKE UND MUSKELN

Auch das Gangbild des Hundes verändert sich. Der Gang wird steifer, Sprünge wirken nicht mehr grazil und elegant, sondern angestrengt. Vor allem beim

Bei Bruce (12 Jahre) sind die Altersanzeichen sichtbar: Einbuchtungen im Kopfbereich sowie hervorstehende Knochen durch den Abbau von Muskelmasse, vor allem an den Hinterbeinen.

Aufstehen zeigen sich Gelenkprobleme deutlich, viele Hunde kommen nicht mehr so schnell hoch. Grund dafür ist, dass sich Muskeln und Knorpel zurückbilden. Reiben irgendwann die Knochen aneinander, kommt es zur schmerzhaften Arthrose.

Parallel dazu sieht der Hund auch vom gesamten Körperbau her anders aus. Bedingt durch den Abbau von Muskeln und Knorpelmasse sehen alte Hunde oftmals dürr aus. Die Knochen stehen hervor, der Körper wirkt weich, da die Muskeln darunter kaum noch vorhanden sind. Am Kopf zeigen sich deutliche Einbuchtungen im Schädelbereich, das Hinterhauptbein wird mit zunehmendem Alter immer deutlicher sichtbar. Der Rücken ist leicht abgesenkt und der Bereich der Lenden wirkt eingefallen. Vor allem im Bereich der Hinterhand fällt die fehlende Bemuskelung auf.

WICHTIG

Herzprobleme

Auch Alterskrankheiten wie Herzprobleme und Demenz können genauso wie beim Menschen auftreten. Eine regelmäßige Kontrolle der Herzfunktion ist daher wichtig, damit rechtzeitig eine notwendige Behandlung begonnen werden kann.

TIEFSCHLAFPHASEN

Der Hund wird vom Verhalten her allgemein ruhiger und schläft häufiger und dann auch tiefer. Schreckte er früher noch beim kleinsten Geräusch auf oder kam schon angelaufen, wenn er nur das Öffnen der Kühlschranktür hörte, muss man ihn nun laut ansprechen oder sogar anstupsen, um ihn zu wecken. Besser als ein Stupsen ist es jedoch, den Hund so sanft wie möglich „wach zu streicheln", da er sonst womöglich aus dem Schlaf hochschreckt.

TÄGLICHE ROUTINEN

Im Umgang mit dem Menschen und anderen Artgenossen wird der alte Hund häufig immer zurückhaltender. Er weiß genau, dass er nicht mehr so dynamisch agieren kann und seine Reaktionsfähigkeit nachgelassen hat.

Mit seinen 11 Jahren gehört Jack Russell Terrier Ginger noch lange nicht zum alten Eisen. Er ist immer noch ein aktiver und quirliger Begleiter.

Natürlich können auch alte Hunde noch Neues lernen, doch fällt es ihnen viel schwerer als in jungen Jahren. Auch wenn also Körper und Geist nicht mehr so gefordert werden können wie beim jungen Hund, sollte man den Senior dennoch weiterhin fördern, damit er so lange wie möglich körperlich und geistig fit bleibt.

Alte Hunde werden häufig unflexibler und können sich nicht mehr so gut auf neue Gegebenheiten einstellen. Sie freuen sich über die tägliche Routine, da sie dann genau wissen, was auf sie zukommt und was von ihnen verlangt wird. Veränderungen in Bezug auf das Lebensumfeld sollte man daher nur dann vornehmen, wenn sie unbedingt notwendig sind. Dies gilt insbesondere dann, wenn das Leben des Hundes zuvor ohne große Veränderungen verlaufen ist. Doch wie schon erwähnt, zeichnet unsere Hunde generell eine große Anpassungsfähigkeit aus. Auch ein alter Hund kann sich noch in einer neuen Umgebung eingewöhnen und an neue Menschen binden. Immer wieder einmal geraten auch alte Hunde in Not, da sie ihr Zuhause verlieren. Entweder weil Herrchen oder Frauchen selbst so alt geworden sind, dass sie sich nicht mehr um ihren vierbeinigen Partner kümmern können oder sogar verstorben sind. Leider aber auch immer wieder aus dem Grund, weil der alte Hund nicht mehr ins Leben passt, nicht mehr genug Leistung erbringt, nicht mehr für die Zucht, die Arbeit, den Sport eingesetzt werden kann und dann wegmuss. Für mich ist ein solches Vorgehen kaum nachvollziehbar. Hat der Hund doch jahrelang alles gegeben, um den Ansprüchen des Menschen nachzukommen und dessen Wünsche zu erfüllen, wird er nun einfach abgeschoben. Gerade dann, wenn ein Hund einem so viel gibt, sollte es selbstverständlich sein, dass man auch im Alter für ihn da ist und ihm noch ein paar wunderschöne Jahre bereitet. Sucht ein alter Hund jedoch ein neues Zuhause, können Sie ruhig auch einmal über die Aufnahme eines Seniors nachdenken.

NICHT GERN ALLEIN

Gerade alte Hunde wollen oftmals nicht mehr allein bleiben. Konnte der Vierbeiner bisher problemlos 4 bis 6 Stunden allein zu Hause sein, möchte er auf einmal am liebsten gar nicht mehr von der Seite seiner Menschen weichen. Dies stellt viele Familien vor große Probleme, da auf einmal eine durchgehende Betreuung des Hundes gewährleistet sein muss. Hier gilt es, nach Alternativen zu suchen, wie z. B. Betreuung durch eine bekannte Person.

ALTERS-CHECK BEIM TIERARZT

Auch wenn das Alter keine Krankheit ist, gilt es insbesondere, den alten Hund gut zu beobachten. Wie oft wird eine Verhaltensveränderung des älteren Hundes in Bezug auf die Aktivität mit dem zunehmenden Alter erklärt. „Er ist halt jetzt ruhiger!" Viele Hunde zeigen leider nicht deutlich an, wenn sie Schmerzen haben und es ihnen nicht gut geht. So kann es passieren, dass der Hund eigentlich aufgrund einer Erkrankung, wie z. B. eines Milztumors, auf einmal ruhiger wird. Lässt man diese Veränderung des Verhaltens nicht abklären, leidet der Hund unnötig oder verstirbt sogar frühzeitig, obwohl eine Behandlung oder Operation ihm vielleicht noch zu einem langen Leben hätte verhelfen können. Daher ist ein regelmäßiger altersbedingter Check-up beim Tierarzt Pflicht!

An dieser Stelle möchte ich aber auch einmal darauf hinweisen, dass das Lebensalter unserer Hunde generell im Laufe der Jahre aufgrund der besseren Möglichkeiten in Bezug auf Haltung und medizinische Behandlung gestiegen ist. Natürlich hängt dies auch damit zusammen, dass der Hund heutzutage eben nicht mehr „einfach nur ein Hund", sondern ein vollwertiges Familienmitglied ist, das eine tierärztliche Betreuung verdient. Wurde ein alter, kranker Hund aus dem Arbeitsalltag früher einfach „aussortiert", wird heutzutage nahezu alles dafür getan, dass er ein langes und gesundes, schmerzfreies Leben hat.

Hunde sind heutzutage geliebte Familienmitglieder, die bis ins hohe Alter hinein umsorgt und betreut werden, sodass sie auch das Alter noch genießen können.

Silke Eichel mit Kuzco

Kuzco ist ein Epagneul Breton, der damals geschätzte 5 Jahre alt war, als er zu uns kam. Er wurde aus einer Tötungsstation herausgeholt und lebte dann auf einem Gestüt auf Mallorca, sollte aber weitervermittelt werden. Da mein neuer Partner Kuzco zuvor schon in einem Urlaub kennengelernt hatte, wollten wir ihn aufnehmen. Einzige Bedingung war, dass er nicht aggressiv zu meinem damals 3-jährigen Kind war. Und was für ein Glück für uns alle: Kuzco liebte es von Anfang an, stundenlang mit Menschen zu schmusen. Dabei ist es ihm egal, wie alt der Mensch ist, auch Kinder liebt er heiß und innig. Unsere Bedenken waren also völlig unbegründet.

Dennoch gestaltete sich das Zusammenleben mit ihm nicht ganz unkompliziert... Er war den Alltag in einem normalen Haushalt anscheinend gar nicht gewohnt. All die Geräusche, angefangen vom Staubsauger, über das Klappern von Töpfen beim Kochen bis hin zum Geräusch der Spülmaschine, Waschmaschine etc. waren ihm suspekt. Doch nach und nach gewöhnte er sich an das Leben bei uns.

Obwohl Kuzco keine Furcht vor Männern zeigte, war er von Anfang an mehr mir zugetan als meinem Partner. Und das, obwohl ich ihn von meiner Seite aus zunächst nicht als meinen Hund angesehen hatte und ihn zu Beginn auch nicht als meinen Hund annehmen konnte – irgendetwas stand mir dabei im Weg. Was genau, konnte ich nie richtig erklären, aber der Funke sprang nur einseitig über.

Der 12 Jahre alte Epagneul Breton Kuzco kam mit 5 Jahren aus Spanien nach Deutschland. Die Umstellung fiel ihm damals schwer, doch heute lebt er ganz entspannt mit seiner Familie.

Silke und Kuzco brauchten eine ganze Weile, bis sie zueinander gefunden haben. Mittlerweile sind sie aber ein eingespieltes Team.

Vielleicht lag es daran, dass er nicht unbedingt ein einfacher Hund war. Kuzco war anfangs sehr jagdlich motiviert, er sah keinen Sinn darin, mit uns Menschen zu kooperieren. Im Haus hat er ständig alles markiert und den Garten am liebsten ganz umgegraben. Bei Gewitter oder Schüssen im Feld wäre er einfach kopflos weggelaufen, das Mitfahren im Auto war für ihn der reinste Horror. Er konnte nicht allein bleiben, hat draußen keine Leckerchen genommen und zeigte sich generell wenig kooperativ. Er wollte wohl einfach sein Ding machen, so wie er es wahrscheinlich in Spanien schon eine ganze Weile getan hatte.

Es dauerte sehr lange, bis er draußen auf unsere Beschäftigungsangebote einging und noch einmal länger, bis er auch wirklich Spaß daran hatte. Auch bei mir dauerte es sehr lange, bis ich ihn so akzeptieren konnte, wie er von seiner Persönlichkeit her ist, einfach so ganz anders als meine Hündin. Aber so ist er nun einmal und das ist auch gut so! Heute möchte ich die Jahre mit ihm nicht mehr missen. Kuzco ist ein lustiger, liebenswerter Clown, der uns jeden Tag lachen lässt.

Gewitter und Knallgeräusche findet er nach wie vor sehr unangenehm, aber er kommt zu mir und wir gehen gemeinsam in einem moderaten Schritttempo durch die Situation zurück ins sichere Zuhause. Mittlerweile ist er schon 7 Jahre bei uns. Mit seinen 12 Jahren wird das Gehör nach und nach ein bisschen schlechter, was in Bezug auf seine Angst vor diesen Geräuschen sogar von Vorteil ist. Denn er hört die Knaller nun etwas gedämpfter und regt sich nicht mehr so schnell auf. Für uns fängt damit jedoch wieder ein neuer Lebensabschnitt mit ihm an, wir müssen uns darauf einstellen, dass er nicht mehr so gut hört. Das bedeutet, dass wir z. B. mehr auf Sichtzeichen achten oder aber ihn vorsichtig anstupsen müssen, wenn wir etwas von ihm möchten. Eigentlich versteht er ja gar nicht mehr, was wir ihm sagen, aber immer wieder ertappe ich mich dabei, wie ich mit ihm spreche. Doch ich denke, Kuzco merkt einfach, dass er in diesem Augenblick wichtig für uns ist, auch wenn er nicht mehr wirklich versteht, was wir zu ihm sagen. Ich freue mich auf hoffentlich noch viele gemeinsame Jahre mit ihm.

2

Gesundheit: das wichtigste Gut

„Wer gesund ist, hat mehr vom Leben." Natürlich gilt dieser Spruch nicht nur für alte Hunde, auch junge Hunde können schwer erkranken.

Dennoch ist die Wahrscheinlichkeit einer Erkrankung im Alter einfach höher. Die Gelenke weisen Abnutzungen auf, es kann zu Herzproblemen kommen und die Sehfähigkeit sowie das Hörvermögen verschlechtern sich. Damit die Gesundheit des Hundes auch im Alter noch weitestgehend erhalten bleibt, sind Vorsorgemaßnahmen unerlässlich. Dazu gehören regelmäßige Kontrollen von Augen, Ohren, Pfoten, Krallen und Fell durch den Halter, aber auch ein jährlicher Termin beim Tierarzt. Dieser geriatrische Alters-Check sollte auch eine Blutuntersuchung beinhalten. So kann der Tierarzt feststellen, ob es aufgrund von Veränderungen der Blutwerte Hinweise auf Alterserkrankungen gibt.

Hinweis: Auch wenn in diesem Buch Krankheiten des alten Hundes angesprochen werden und beschrieben wird, wie Sie Ihren erkrankten Hund im Alltag unterstützen können, ersetzt dies niemals den Gang zum Tierarzt oder Tierheilpraktiker. Nur ein Fachmann kann eine gesicherte Diagnose stellen und über die notwendige Behandlung entscheiden.

Beobachten Sie Ihren Hund daher gut. Fallen Ihnen körperliche Veränderungen, aber auch Veränderungen in Bezug auf das Verhalten Ihres Hundes auf, suchen Sie möglichst bald einen Fachmann auf. Lassen Sie Ihren Vierbeiner lieber einmal mehr durchchecken, bevor es für eine notwendige Behandlung dann doch einmal zu spät ist.

Sarah (17 Jahre) fällt das Laufen oft schwer. Dies zeigt sich auch dadurch, dass sie schnell hechelt.

Tägliche Pflege und gesunde Ernährung

Viele Alterskrankheiten entstehen beim Hund aufgrund falscher Ernährung oder Haltung. Leider sieht man auch bei Hunden immer häufiger, dass diese aufgrund falsch verstandener Tierliebe viel zu dick sind. Viele Hundehalter beruhigen ihr schlechtes Gewissen mit einem besonderen Leckerbissen, wenn einmal wieder zu wenig Zeit für den Vierbeiner war. Und natürlich darf der Hund auch so nicht zu kurz kommen: hier ein Leckerli, da ein Rest vom Mittagessen. Da die meisten Hunde gern fressen und kaum Nein sagen, wenn Frauchen oder Herrchen ihnen etwas anbieten, sind schnell ein paar Kilo zu viel auf den Rippen. Kommt dann noch wenig Bewegung hinzu, verursacht das Übergewicht des Hundes die gleichen gesundheitlichen Probleme wie beim Menschen. Gelenke werden übermäßig beansprucht, Organe lagern Fett an und sind in ihrer Funktion stark eingeschränkt, aber auch bekannte Krankheiten wie Diabetes können beim Hund die Folge sein.

Der Deutsch Kurzhaar-Rüde Balu ist auch im Alter schlank, sodass er noch richtig aktiv sein kann.

AKTIVITÄT HÄLT GESUND

Ein aktives Leben mit schlankem Körperbau führt also auch beim Hund dazu, dass er im Alter noch weitestgehend fit ist und sein Leben genießen kann. Der Rückschluss, dass bei weniger Bewegung die Gelenke weniger verschleißen, ist falsch. Vielmehr gilt das Gegenteil: Ausreichend Bewegung garantiert eine gute Durchblutung und dadurch wird die Belastbarkeit der Gelenke erhöht. Daher sollte man auch dem alten Hund immer ausreichend Bewegung ermöglichen. Natürlich lässt die Leistung nach, die körperliche Auslastung muss reduziert und angepasst werden. Dennoch ist es wichtig, dass der alte Hund nicht nur den ganzen Tag auf der Couch liegt. Dies gilt im Übrigen genauso für die geistige Auslastung. Je öfter der Hund sich anstrengen muss, indem man ihm passende Aufgaben im Training stellt, desto länger wird er auch geistig fit und aktiv bleiben (siehe Kapitel 4).

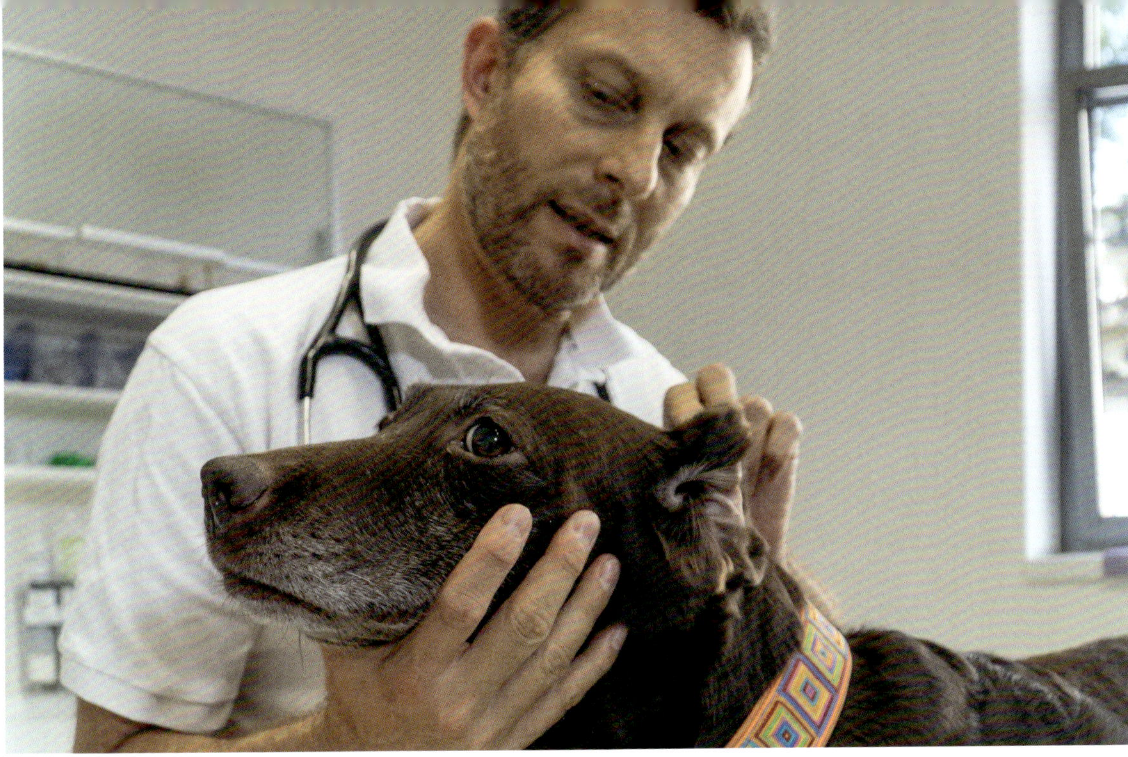

Beim geriatrischen Check-up überprüft der Tierarzt auch den allgemeinen Zustand von Ohren, Zähnen und Augen. Die 12 Jahre alte Bella hält dabei ganz still.

TÄGLICHE PFLEGE

Auch in Bezug auf die Pflege muss man Senioren besondere Aufmerksamkeit schenken. Natürlich sollte man auch bei jungen Hunden regelmäßig den Gesundheitszustand überprüfen, Fell und Krallen pflegen sowie Ohren und Augen kontrollieren. Beginnt man damit bereits von Welpe an, ist der Hund die Pflegemaßnahmen gewöhnt und wird sie auch im Alter problemlos ertragen oder sogar genießen. Machen Sie aus der täglichen Pflege ein Verwöhnprogramm für Ihren Senior. Nehmen Sie sich Zeit für ihn, verweilen Sie beim Bürsten länger an den Stellen, an denen er die Pflege genießt. Gerade dann, wenn Spaziergänge und Trainingseinheiten kürzer werden, da der Körper des alten Hundes nicht mehr so lange und ausdauernd mitmacht, können Sie die so gewonnene Zeit für die ausgiebige Pflege nutzen. Schon bald wird Ihr alter Hund das tägliche Ritual genießen. Und dabei lassen sich auch eher unangenehme Maßnahmen wie das Kürzen der Krallen oder das Entwirren verfilzter Haare besser ertragen.

Grundsätzlich sollten Sie sich für die Pflege jetzt mehr Zeit nehmen als beim jungen Hund. Hat sich der Jungspund mal eben hingelegt und auf den Rücken gedreht, sodass Sie den Bauch bürsten konnten, ist danach aufgesprungen und hat bereitwillig die Pfoten vorgestreckt, ist dies für den alten Hund u. U. mit Schmerzen verbunden. Hinlegen und Aufstehen fallen schwer und der alte Hund braucht einfach seine Zeit dafür. Achten Sie bei der Pflege Ihres alten Hundes bitte dennoch auf jede Reaktion, denn diese kann ein Hinweis auf Schmerzen sein, und damit für Sie ein Signal, Ihren Tierarzt aufzusuchen. Übertreiben Sie es aber auch nicht mit der Pflege. Ein alter Hund muss genausowenig wie ein junger täglich gebadet werden. Zu häufiges Baden zerstört den Fettfilm der Haut, der einen natürlichen Schutz gegen Schmutz und Nässe bildet. Auch wenn bei alten Hunden durch den veränderten Stoffwechsel häufiger Ablagerungen auf der Haut oder auch auf den Zähnen entstehen, müssen sie nicht unangenehm riechen! Durch regelmäßiges Bürsten, Putzen der Zähne, Reinigen der Ohren etc. kann auch ein Senior sehr angenehm riechen.

Viele alte Hunde haben Probleme mit dem Fellwechsel. Sie müssen daher regelmäßig gebürstet werden, damit das Fell nicht verfilzt.

WENN EIN BAD NÖTIG WIRD!

Natürlich darf auch der alte Hund gewaschen werden, wenn er sich in für ihn wunderbar riechenden Düften wie Fuchskot oder Aas gewälzt hat. Für diesen Fall gibt es speziell für Hunde entwickelte Shampoos, alternativ können Sie auch ein basisches Duschgel benutzen. Oftmals wird empfohlen, ein Baby-Shampoo zu nutzen. Diese Shampoos sind jedoch weniger gut für Hunde geeignet. Das liegt daran, dass der pH-Wert der Haut beim Hund mit einem Wert von ca. 7 und mehr höher ist als beim Menschen mit einem Wert um 5,5. Zudem sollten Shampoos für Hunde möglichst keine Duftstoffe enthalten. Hunde haben eine sehr empfindliche Nase, sodass die meisten diese stark parfümierten Shampoos nicht ertragen und sofort nach dem Bad damit beginnen, den Duft loszuwerden, indem sie sich wälzen.

Achten Sie beim Baden darauf, dass Ihr Hund sich nicht verletzt. Alte Hunde haben keinen so sicheren Stand mehr, sodass sie in der Badewanne oder Dusche schnell wegrutschen. Am besten legen Sie eine Gummimatte auf den Boden der Wanne/Dusche, sodass Ihr Hund einen sicheren Stand hat. Das Wasser sollte nicht zu warm sein, da heißes Wasser schnell zu Verbrennungen oder insbesondere beim alten Hund zu Kreislaufproblemen führen kann. Stellen Sie den Duschstrahl nicht zu hart ein, damit Ihr Hund das Abduschen als angenehm empfindet. Beginnen Sie damit, zunächst die Beine abzuduschen, bevor Sie den Hund am ganzen Körper nass machen. Sollten Sie auch das Gesicht abwaschen müssen, nutzen Sie dazu bitte ein Tuch. Niemals sollten Sie mit dem Duschstrahl den Kopf des Hundes abduschen, da es sonst zu Verletzungen an den Augen kommen kann. Auch Shampoo sollte nicht in die Augen und Ohren des Hundes gelangen.

Insbesondere alte Hunde sollten nicht lange mit nassem Fell herumlaufen. Im leichten Regen schützt das Fell den Hund davor, nass bis auf die Haut zu werden. Nach dem Bad müssen Sie den alten Hund daher gut abtrocknen, da die Nässe hierbei bis tief auf die Haut gelangt. Rubbeln Sie ihn mit einem Handtuch trocken. Sie können dafür auch ein Hundehandtuch bzw. ein Handtuch aus Mikrofaser mit großer Wasseraufnahmekapazität nutzen. Die meisten Hunde mögen es nicht, geföhnt zu werden. Sollte Ihr Hund jedoch zu den Exemplaren gehören, die freiwillig angelaufen kommen, sobald sie den Föhn hören, können Sie Ihren alten Hund nach dem Bad natürlich auch trocken föhnen. Bitte habe Sie aber auch dabei die Temperatur im Auge.

FELLPFLEGE

Gerade beim alten Hund ist die Fellpflege wichtig, da sie bedingt durch Stoffwechselveränderungen oft Probleme mit dem Fellwechsel haben. Die alten, abgestorbenen und damit losen Haare fallen nicht mehr aus, die Hunde sehen struppig und ungepflegt aus. Alte Hunde müssen daher häufig noch mehr gebürstet werden als junge Hunde, da nur so das lose Haar entfernt werden kann.

Nehmen Sie sich hierfür am besten viel Zeit. Legen Sie Ihrem Hund eine bequeme Decke hin, sodass er es sich richtig gemütlich machen kann. Er soll ganz entspannt liegen und das Bürsten genießen können. Achten Sie beim Bürsten darauf, besonders an den knochigen Stellen vorsichtig zu sein. Während Sie bürsten, können Sie nun den gesamten Körper auf kleine Verletzungen, Warzen, Tumoren oder sonstige Auffälligkeiten untersuchen. Das regelmäßige Bürsten wirkt dabei wie eine Massage und regt den Stoffwechsel Ihres alten Hundes an. Gern können Sie danach die Bürste noch zur Seite legen und Ihrem Hund eine richtige Massage gönnen, indem Sie ihn mit Ihren Händen einmal so richtig durchkraulen. Auch eine Massagebürste kann dabei gute Dienste leisten.

VERFILZEN DES FELLS

Leider kommt es durch hormonelle Veränderungen bzw. Stoffwechselstörungen oftmals trotz regelmäßiger Pflegemaßnahmen zum Verfilzen des Fells. Alte Hunde sind zudem oft empfindlicher, sie ertragen es nicht mehr so gut, wenn das Fell entwirrt wird. Hinzu kommt, dass kleine Verletzungen langsamer heilen, sodass man in diesem Fall die verfilzten Stellen besser herausschneidet.

SCHEREN DES FELLS

Häufig verändert sich das Fell komplett, gerade bei Hunden mit Unterwolle. Diese wird immer dichter und stärker, sodass die Hunde von einem immer dickeren Pelz umgeben sind. Selbst ein Ausbürsten mit einem Unterwollkamm schafft kaum Erleichterung. Gerade dann, wenn auch noch andere Erkrankungen wie Herz-Kreislaufprobleme hinzukommen, kann es für den Hund eine Erleichterung sein, wenn das Fell im Sommer komplett geschoren wird. Damit ist natürlich nicht gemeint, den Hund bis auf die Haut zu scheren, denn das Fell hat auch eine natürliche Schutzfunktion. Es hält Regen ab und schützt die Haut des Hundes vor Sonnenbrand sowie vor leichten Verletzungen durch Dornen oder Äste, wenn er durchs Gestrüpp läuft.

Mischlingshündin Lilly (8 Jahre) genießt die Pflege mit der Massagebürste.

Für sehr alte Hunde ist die Fellpflege anstrengend, sodass Sie diese nur vorsichtig und kurz bürsten sollten.

Deshalb muss ganz klar gesagt werden, dass das Scheren auch Nachteile hat. Das dichte Deckhaar, das sich über der Unterwolle befindet, wird sehr kurz abgeschnitten, sodass es seine schützende Funktion verliert. Die Unterwolle, die noch bleibt, ist von der Struktur der Haare her viel feiner, sodass ein Schutz vor Regen oder Verletzungen viel geringer ist als mit Deckhaar. Unter Umständen muss der geschorene Hund daher bei nasskaltem Wetter, was in unseren Breitengraden durchaus auch einmal im Sommer vorkommt, einen Regenmantel tragen. In jedem Fall muss der alte Hund nach dem Spaziergang im Regen gut abgetrocknet werden! Hinzu kommt, dass man den Zeitpunkt der Schur gut abschätzen muss. Kurz vor Wintereinbruch sollte der Hund natürlich nicht mehr geschoren werden. Ideal ist daher, den Hund im späten Frühjahr scheren zu lassen, damit das Fell im Sommer schon wieder ein wenig dichter ist und als Sonnenschutz fungiert und bis zum Winter wieder dicht nachwachsen kann, damit es ausreichend Schutz vor Wind und Kälte bietet.

Keinen Hund sollte man scheren, damit er bei Hitze aktiver ist. Denn seien wir mal ehrlich, das sind wir selbst doch auch nicht. Niemand möchte bei 40 Grad im Schatten zwei Stunden über die Felder joggen. Und gerade alten Hunden sollte man an heißen Tagen keine „Leistung" abfordern. Spaziergänge verlegt man am besten in die frühen Morgenstunden, gegebenenfalls auch in den späten Abend. Wichtig sind natürlich ausreichend Schattenplätze oder besser noch ein Platz auf den kühlen Fliesen im Haus.

WENIGER FELLPFLEGE DURCH SCHUR?

Eine Schur aus „Bequemlichkeit", also weil der Mensch sich die Pflege des Hundes vereinfachen will, sollte man hinterfragen. Haare verliert der Hund nach wie vor, sie sind lediglich kürzer. Und wer glaubt, ein geschorener Hund muss nicht gebürstet werden, liegt falsch. Denn die feinen Unterwollhaare neigen nach der Schur dazu, zu verfilzen. Daher muss ein geschorener Hund ebenfalls regelmäßig gebürstet werden.

UNTERSCHIEDLICHE HAARARTEN

Rassen, die keine Unterwolle besitzen und generell geschoren werden, wie z. B. der Pudel, kann man natürlich auch im Alter weiterhin scheren. Bei Rassen, bei denen die Haare herausgezupft werden, die also „getrimmt" werden, wie es bei vielen Terriern der Fall ist, sollte man im Alter ebenfalls über eine Schur nachdenken. Bei diesen Hunden wächst ein neues Haar aus dem gleichen Haarfollikel heraus, in dem das alte Haar noch ist. Das alte Haar bleibt im Follikel stecken, stirbt ab und wird daher von der Farbe her blasser. Ist das Deckhaar „reif", also abgestorben, sitzt es locker in der Haut, fällt aber nur teilweise aus und führt daher zu einem starken Juckreiz beim Hund.

Das Zupfen der Haare ist für alte Hunde häufig schmerzhaft und unangenehm, da die Haut nicht mehr so elastisch ist. Da die abgestorbenen Haare beim Scheren aber nicht so wie beim Trimmen entfernt werden, kann es zu verstärktem Juckreiz kommen. Ob man den alten Hund also weiterhin trimmt oder doch eine Schur vornimmt, muss jeweils im Einzelfall entschieden werden.

Nehmen Sie sich Zeit für die Fellpflege, dann wird auch Ihr Hund diese Prozedur entspannt genießen.

Schäferhund-Mischling Tiago (10 Jahre) leidet im Sommer stark unter der Hitze. Eine Schur verschafft ihm in dieser Zeit Erleichterung.

BESUCH BEIM HUNDEFRISEUR

Entscheidet man sich für eine Schur, ist die Frage, wer diese vornimmt. Einfach mal eben die Schere zur Hand zu nehmen, ist meist wenig erfolgreich. Gerade dann, wenn der Hund den Vorgang nicht kennt, wird er häufig nicht einfach ruhig dastehen, sodass die Gefahr besteht, ihn mit der spitzen und scharfen Schere zu verletzen. Zudem ist es schon eine große Kunst, einem Hund wirklich gleichmäßig mit der Schere das Fell zu kürzen. Bei langhaarigen Hunden, bei denen lediglich das lange, auf den Boden reichende Fell abgeschnitten werden soll oder aber bei denen man die Augen freischneiden will, mag das noch klappen. In allen anderen Fällen braucht man jedoch eine wirklich gute Schermaschine! Deshalb ist es am besten, die Schur des Hundes einem guten Hundefriseur zu überlassen. Dieser hat alles notwendige Equipment und verfügt über ausreichend Erfahrung. Auch kennt er sich mit den unterschiedlichen Haartypen aus.

Aber bitte, gerade dann, wenn Ihr alter Hund bisher noch nie geschoren wurde, lassen Sie ihn in der für ihn neuen und ungewohnten Situation und Umgebung nicht allein! Achten Sie darauf, dass der Friseur Ihrem alten Hund auch ausreichend Pausen gibt. Und natürlich sollte der Friseur zudem auf Hilfsmittel wie einen Galgen, also eine Schnur, mit der der Kopf des Hundes oben an einem Gestänge fixiert wird, verzichten!

Der Bereich um den After bzw. an den Hinterbeinen ist gerade bei langhaarigen Hunden oftmals sehr stark verschmutzt, da alte Hunde häufig Probleme haben, sich tief hinzuhocken. Die Gelenke machen nicht mehr so mit, der Rücken bzw. die Wirbelsäule wird steif, sodass der Hund sich nur noch halb hinsetzt oder sogar beginnt, im Laufen zu koten. In diesem Fall ist es oftmals eine Erleichterung für Mensch und Hund, wenn an diesen Stellen das Fell gekürzt wird. Hält Ihr Hund still, können Sie solche Bereiche durchaus selbst mit der Schere kürzen. Kontrollieren Sie aber bitte diesen Bereich immer, da auch bei kürzerem Fell Kot hängen bleiben kann, der dann mit einem Tuch und warmem Wasser abgewaschen werden muss.

SIND HUNDEMÄNTEL SINNVOLL?

Hunde sollten so natürlich wie möglich gehalten werden, und dazu gehört Kleidung mit Sicherheit nicht. Doch wir sprechen hier nicht über das Dirndl, das der auf dem Arm getragene Yorkshire Terrier zur Freude seines Frauchens auf dem Oktoberfest tragen soll. Auch wenn man Hunde nicht vermenschlichen sollte und damit Verkleidungen für den Hund zumindest moralisch und ethisch bedenklich sind, gibt es durchaus gute Gründe, warum Hunde einen Mantel oder Ähnliches zum Schutz tragen müssen. Dies trifft auch für alte Hunde im Winter zu, die schneller frieren als junge Hunde, da sie sich nicht mehr so aktiv und ausdauernd bewegen. Auf dem Spaziergang trottet man Herrchen oder Frauchen hinterher und geht gemächlich seines Weges. Dass es dann bei Minustemperaturen gerade für die kurzhaarigen Hunde wie Dalmatiner oder Ridgeback schnell zu kalt werden kann, erstaunt nicht.

GEWÖHNUNG AN EINEN MANTEL

Wenn Sie sich für einen Mantel entscheiden, müssen Sie immer darauf achten, dass dieser Ihrem Hund auch wirklich richtig passt. Er muss so sitzen, dass er den Hund möglichst wenig in seiner Bewegung einschränkt. Zudem darf er nicht zu eng sein, da er sonst u. U. an den empfindlichen Stellen mit dünner Haut, wie z. B. unter den Ellenbogen, scheuert. Gewöhnen Sie Ihren Hund an das neue Kleidungsstück, indem Sie es zunächst nur kurz auflegen und Ihren Hund dafür belohnen. Nach mehreren Wiederholungen können Sie den Mantel über den Kopf Ihres Hundes streifen und (je nach Variante) unter dem Bauch verschließen. Belohnen Sie Ihren Hund hierfür erneut und beginnen Sie dann eine aktive Beschäftigung, wie z. B. eine Futtersuche. Zeigt Ihr Hund keine Anzeichen von Stress, wie z. B. Hecheln, und bewegt er sich ganz normal mit dem Mantel, können Sie ihm diesen auf dem Spaziergang anzie-

Im Winter trägt die 9 Jahre alte Jack Russell Terrier-Hündin Luna einen Regenmantel, damit sie bei schlechtem Wetter nicht bis auf die Haut nass wird.

WICHTIG

Kühlwesten und -decken

Vorsicht ist im Sommer bei der gegenteiligen Variante geboten. Gerade in den heißen Sommertagen der letzten Jahre sieht man immer mehr Hunde mit Kühlwesten. Auch wenn diese im ersten Moment dem Hund Erleichterung verschaffen, besteht wiederum gerade bei alten Hunden die Gefahr einer Erkrankung aufgrund der Kälte, da der Hund sich dieser ja nicht entziehen kann, aber auch nicht, so wie ein junger Hund, der Kälte durch stärkere Bewegungsmaßnahmen entgegenwirkt. Bieten Sie dem alten Hund daher lieber eine Kühldecke an, auf die er sich legen kann, wenn ihm zu warm wird. Hat er sich abgekühlt, kann er aufstehen und sich woanders hinlegen.

hen. Erst wenn er sich auf dem Spaziergang gar nicht mehr für den Mantel interessiert, können Sie ihm diesen auch zu Ruhezeiten anziehen. Beobachten Sie ihn dabei aber noch, da die Gefahr besteht, dass er versucht, den Mantel auszuziehen, indem er daran zieht oder versucht, den Bauchgurt durchzubeißen. Verhindern Sie dies, indem Sie ihn ansprechen und im Training noch einmal einen Schritt zurückgehen. Lassen Sie Ihren Hund mit Mantel niemals längere Zeit ganz allein, da hierbei immer auch die Gefahr besteht, dass er hängen bleibt und sich dadurch erschreckt oder sogar verletzt.

Durch die Haltung im Haus und die damit verbundene entsprechende Pflege und Versorgung erreichen viele Hunde ein sehr hohes Alter, wie es in der Natur oftmals gar nicht vorkommen würde. Was spricht also dagegen, ihnen das Alter so angenehm wie möglich zu machen, und dazu kann auch ein Mantel gehören. Und natürlich spricht dann auch nichts dagegen, diesen nach der Farbe der Leine, Ihrer Jacke oder sonstigen Kriterien auszuwählen, solange er nur funktionell ist.

AUGEN

Auch wenn die Funktion von Augen und Ohren im Alter nachlässt, ist es für den alten Hund wichtig, dass diese so wenig wie möglich eingeschränkt ist. Probleme an den Augen fallen den meisten Menschen sofort auf. Tränen die Augen nur ein wenig, können Sie das Fell um die Augen natürlich erst einmal selbst mit einem weichen Tuch säubern. Ein tränendes Auge, gerötete Bindehäute oder ein Hund, der ständig das Auge zukneift oder blinzelt, sind jedoch eindeutige Hinweise darauf, den Tierarzt aufzusuchen. Gerade am Auge ist besondere Vorsicht geboten, hier sollten Sie lieber einmal zu viel als einmal zu wenig den Tierarzt um Rat fragen. Und bitte behandeln Sie Ihren Hund nicht eigenständig mit einer Salbe, die Sie noch zu Hause herumliegen haben. Zum einen kann eine falsche Salbe im Auge massiven Schaden anrichten, zum anderen dürfen viele Augensalben und -tropfen nach dem Öffnen nur für einen kurzen Zeitraum verwendet werden.

OHREN

Da Probleme mit den Ohren nicht so offensichtlich sind wie Augenerkrankungen, müssen Sie regelmäßig die Ohren Ihres alten Hundes kontrollieren. Dies gilt insbesondere bei Schlappohren, da hier kein freier Blick in den Gehörgang ohne Anheben des Ohrlappens möglich ist. Ein gesunder Hund hat jedoch keine schmutzigen Ohren! Sollten sich daher braune Ablagerungen im Ohr befinden, können Sie diese zunächst mit einem weichen Tuch oder mit einem Wattepad entfernen. Zur Reinigung des Ohrs können Sie auch Ohrreiniger, den Sie beim Tierarzt erhalten, nutzen. Achten Sie bitte auch hier auf das Ablaufdatum. Niemals sollten Sie jedoch ein Wattestäbchen zur Reinigung benutzen, da Sie hiermit das Trommelfell beschädigen könnten. Zudem schiebt man mit dem Stäbchen in der Regel den Schmutz nur tiefer ins Ohr hinein und verschlimmert damit die Situation. Sollte das Ohr am nächsten Tag erneut stark verdreckt sein, sollten Sie Ihren Tierarzt aufsuchen, da dann eine Entzündung oder ein Pilzbefall vorliegen kann, was beides behandelt werden muss. Auch ein tiefer hängendes Ohr, ständiges Schütteln oder aber Schmerzen beim Anfassen weisen auf eine Erkrankung hin, die einen Tierarztbesuch notwendig macht.

PFOTEN UND KRALLEN

Die Ballen des Hundes werden im Alter oft rissig und spröde. Daher sollten Sie regelmäßig die Pfoten Ihres Hundes anschauen und die Ballen auf tiefe Risse hin kontrollieren. Bei stark rissigen Ballen können Sie diese durchaus einmal mit Creme (z. B. Melkfett oder Ringelblumensalbe) pflegen. Nutzen Sie aber bitte kein Öl und cremen Sie die Ballen nicht zu häufig ein, da diese sonst zu weich werden. Der Hund läuft ja draußen ohne Schuhe herum. Die Ballen dürfen daher nicht zu empfindlich sein, da sonst jeder kleinste Stein zur Qual wird. Alte Hunde bewegen sich natürlich auch nicht mehr so viel, sie laufen nicht mehr so schnell, stoßen sich nicht mehr so kraftvoll vom Boden ab. Dies führt meist dazu, dass die Krallen durch die fehlende natürliche Abnutzung immmer länger werden. Auch wenn Sie Ihrem Hund in jungen Jahren nie die Krallen schneiden mussten, kann dies im Alter notwendig werden. Kontrollieren Sie regelmäßig die Länge der Krallen und kürzen Sie diese immer wieder. Je länger die Kralle wird, desto stärker wird sie auch. Das Kürzen der Kralle wird damit immer schwieriger, da große Kraft und eine wirklich gute Krallenschere notwendig sind. Überlange Krallen führen dazu, dass die Pfotenballen sich vom Boden abheben und der Hund damit nicht mehr entspannt laufen kann. Im Idealfall ist die Kralle so lang, dass diese den Boden nicht berührt, wenn der Hund entspannt auf einer geraden Fläche steht.

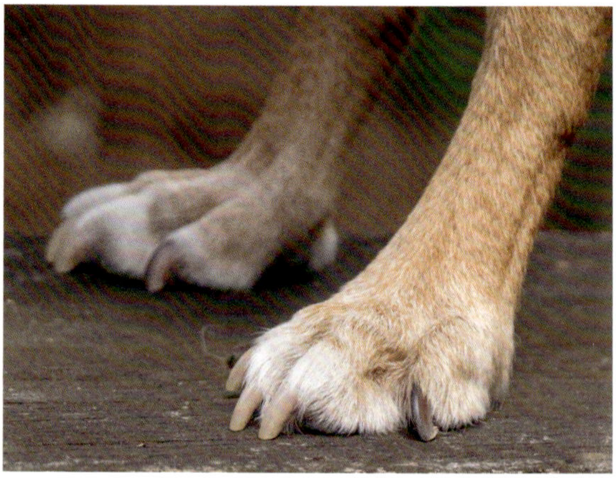

Die Krallen des Hundes sollten so kurz sein, dass sie den Boden auf ebener Fläche nicht berühren.

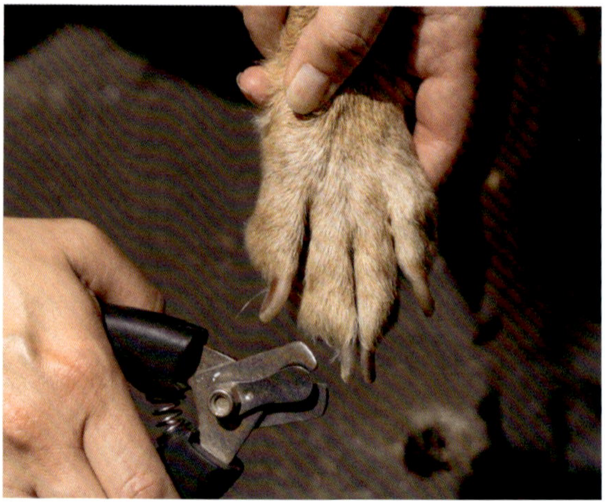

Kürzen Sie die Krallen regelmäßig mit der Krallenzange, damit diese nicht zu lang werden und brechen.

KRALLENSCHNEIDEN

Sollten die Krallen Ihres Hundes zu lang sein, dürfen Sie nur ein kleines Stück abschneiden. Denn in der Mitte der Kralle verlaufen Blutgefäße und Nervenbahnen. Deshalb tasten Sie sich langsam heran, damit Sie nicht in die Blutgefäße schneiden. Bei hellen Krallen ist das natürlich einfacher als bei dunklen, da man die Blutgefäße besser sieht. Je häufiger Sie die Krallen jedoch um ein kleines

Stück kürzen, desto mehr bilden sich die Blutgefäße zurück, sodass es einfacher wird, sie zu kürzen.

Überlange Krallen sind auch aus dem Grund gefährlich, da die Krallen des Hundes im Alter schnell brüchig werden und es so eher dazu kommen kann, dass der Hund sich die Kralle abbricht. Häufig kommt es dann auch zu einer Blutung, oft muss die Kralle gezogen werden. Beides ist für den Hund sehr schmerzhaft. Vermeiden Sie dies daher so gut wie möglich, indem Sie täglich die Pfoten Ihres Hundes kontrollieren.

ZÄHNE

Nichts ist schlimmer, als ein schmerzender Zahn! Auch Hunde können unter Zahnschmerzen leiden. Leider zeigen sie dies meist nicht direkt, sodass man oft nur durch einen Zufallsbefund darauf stößt. Eine regelmäßige Kontrolle der Zähne ist daher gerade im Alter unerlässlich. Dabei sollten Sie kontrollieren, ob einer der Zähne abgebrochen ist oder es Zahnfleischprobleme wie Bläschen oder Blutungen gibt. Auch starke Abnutzung kann zu Zahnschmerzen führen. Im Normalfall halten die Zähne des Hundes ein Hundeleben lang, doch häufiges Spiel mit Steinen oder ständiges starkes Kauen auf Tennisbällen führt zu starkem Abrieb. Auch das Kauen sehr harter Kauartikel, wie z. B. von Geweihstücken, kann dazu führen, dass Zähne abbrechen oder sich spalten. Dann hilft in der Regel nur eine Entfernung des Zahns . In all diesen Fällen sollten Sie Ihren Tierarzt aufsuchen. Mittlerweile gibt es sogar Zahntierärzte, die sich auf die Behandlung dieser Probleme spezialisiert haben.

Immer dann, wenn Sie bemerken, dass Ihr Hund nicht mehr oder nicht mehr so gern frisst bzw. ihm das Kauen harter Kauartikel auf einmal schwerfällt, sollten Sie seine Zähne überprüfen. Natürlich gibt es auch weitere Gründe, weshalb ein Hund nicht mehr fressen will und sein Futter stehen lässt. Doch Zahnprobleme können häufiger, als man denkt, eine Ursache dafür sein.

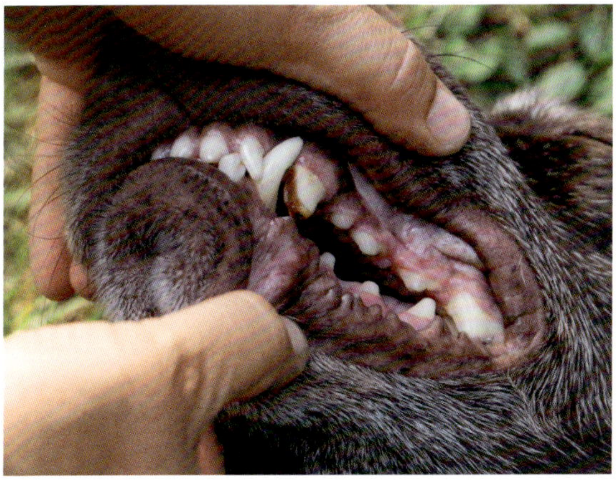

Abnutzungen an den Zähnen, wie hier am oberen Fangzahn, sind bei alten Hunden nicht selten.

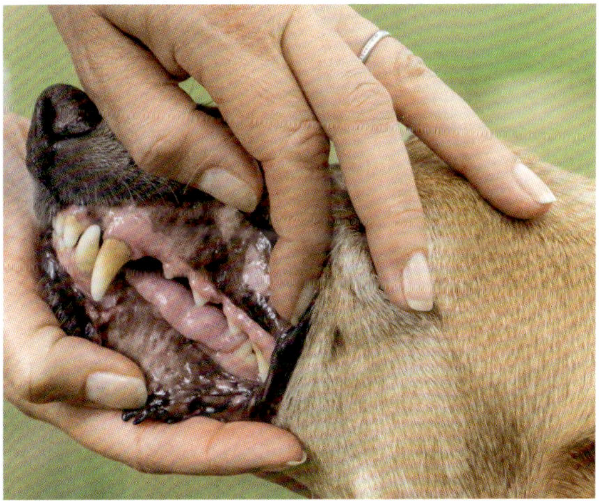

Alte Hunde haben häufig Zahnstein, der bei starkem Belag beim Tierarzt entfernt werden sollte.

ZAHNSTEIN

Viele alte Hunde leiden zudem unter starkem Zahnstein. Dieser muss dann von Ihrem Tierarzt, in der Regel unter Narkose, entfernt werden. Besprechen Sie mit Ihrem Tierarzt, ob Sie Ihrem alten Hund dieses Narkoserisiko noch zumuten wollen. Die Ablagerungen an den Zähnen führen jedoch zu einer Ansammlung von Bakterien, die wiederum Ursache für andere Erkrankungen sein kann.

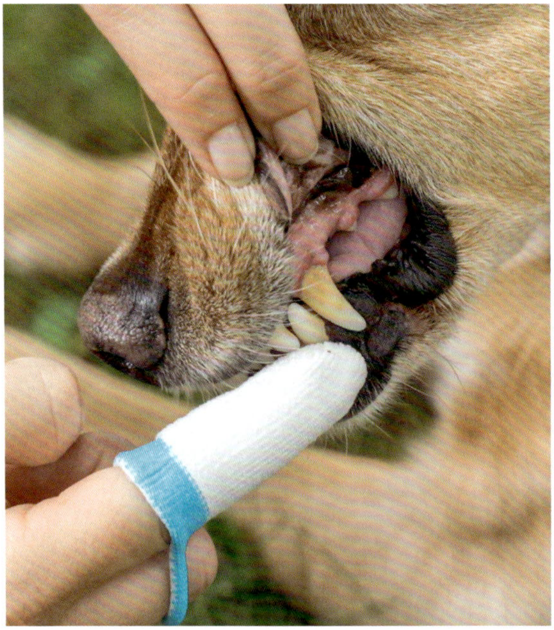

Damit sich beim Hund kein Zahnstein bildet, sollten Sie ihm regelmäßig die Zähne putzen.

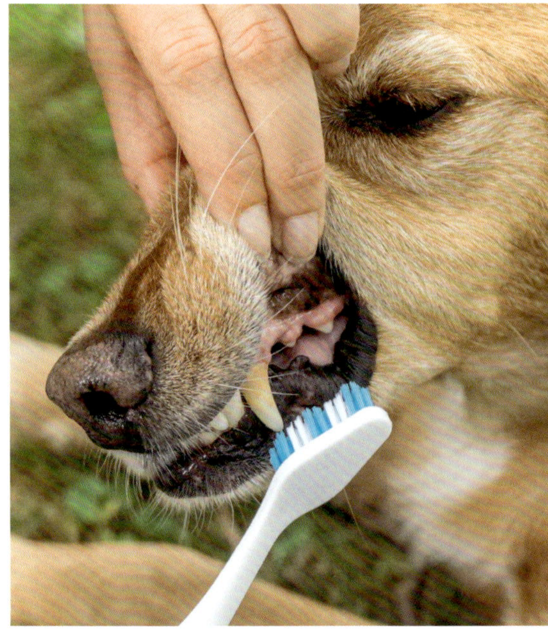

Zum Zähneputzen können Sie einen Fingerling oder eine Hundezahnbürste benutzen.

Am besten lassen Sie es gar nicht zu Zahnstein kommen, indem Sie Ihrem Hund regelmäßig die Zähne putzen. Die Veranlagung zu Zahnsteinbildung ist beim Hund genauso individuell wie beim Menschen. Einige Hunde haben bereits mit einem Jahr so stark Zahnstein, dass dieser entfernt werden muss. Andere Hunde haben selbst im hohen Alter noch fast weiße Zähne. Damit sich möglichst wenig Zahnstein bildet, sollte Ihr Hund regelmäßig harte Kauartikel oder zähes Fleisch, wie z. B. Pansen am Stück, fressen. Gerade dies fällt alten Hunden aber häufig schwer. Zudem ist diese Nahrung häufig schwerer verdaulich und damit für alte Hunde nicht mehr so gut geeignet. Haben Sie Ihren Hund jedoch von klein an daran gewöhnt, dass Sie ihm mehrmals die Woche die Zähne putzen, wird er sich dies auch im Alter gefallen lassen. Zum Zähneputzen können Sie entweder spezielle Hundezahnbürsten nutzen, oder alternativ einen Fingerling, den Sie einfach über Ihren Finger streifen. In dem Fall sollten Sie natürlich sicher sein, dass Ihr Hund die Behandlung geduldig erträgt und nicht etwa irgendwann fest zubeißt. Spezielle Hundezahnpasta „versüßt" dem Hund das Zähneputzen. Es gibt sie in den unterschiedlichsten Geschmacksrichtungen, wie z. B. Geflügel oder Rindfleisch.

ERNÄHRUNG IM ALTER

Über nichts wird unter Hundehaltern mehr diskutiert als über die richtige Fütterung. Ob man sich nun für Trockenfutter, Nassfutter, Rohfütterung (Barf) oder selbst gekochtes Futter entscheidet, spielt letztendlich für den Hund keine Rolle, solange das Futter auf die jeweiligen Bedürfnisse des Hundes abgestimmt ist.

Alte Hunde brauchen meist viel weniger Futter, da sie sich nicht mehr so aktiv bewegen wie in jungen Jahren. Auch ein alter Hund muss daher nicht dick sein, vielmehr schadet zu viel Fett im Alter genauso wie in der Jugend. Aber natürlich möchte sich auch ein Senior „richtig satt" fressen, weshalb eine drastische Reduzierung der Futtermenge, gerade bei Trockenfutter, das erst nach einiger Zeit im Magen aufquillt, nicht günstig ist. In der Regel ist eine Reduktion des normalen Futters um ca. 20 bis 30 Prozent ausreichend. Zudem sind die meisten Futtersorten für ältere Hunde kalorienreduziert, sodass man dennoch eine ausreichend große Menge füttern kann. Qualitativ muss das Futter für alte Hunde aber weiterhin hochwertig sein, es muss also viele Nährstoffe wie Mineralien, Vitamine und Spurenelemente enthalten.

Ernährt man seinen Hund frisch, also mit Fleisch und Gemüse als Hauptbestandteil, muss muss darauf geachtet werden, dass gut verwertbares Eiweiß gefüttert wird, das z. B. in Muskelfleisch oder Fisch enthalten ist. Innereien wie z. B. Pansen enthalten dagegen mehr Bindegewebe und damit schlechter verwertbares Eiweiß und sollten daher nicht mehr so häufig gefüttert werden. Doch gerade dann, wenn man am Körperbau des Hundes feststellt, dass dieser „mager" wird, ist die Versorgung mit gut verdaulichem Eiweiß wichtig.

MEHRERE MAHLZEITEN AM TAG

Je älter der Hund wird, desto weniger verträgt er große Portionen. Muss Ihr Hund sich daher immer nach dem Frssen übergeben oder stark aufstoßen, sollten Sie die Fütterung von 2 auf 3 oder sogar 4 Portionen verändern.

Auch Knochen vertragen viele alte Hunde nicht mehr, es kommt dann häufig zum sogenannten „Knochenkot". Der Hund versucht dabei immer wieder, Kot abzusetzen. Dieser ist sehr trocken und bröckelig, von heller bis ganz weißer Farbe. Das Koten ist für den Hund sehr schmerzhaft, zudem hat er im Alter nicht mehr die Kraft in den Hinterbeinen, sich lange zum Koten hinzusetzen. Es kann daher schnell zu einer bedrohlichen Verstopfung kommen, bei der oft nur noch eine Operation hilft.

FRESSUNLUST

Wird der alte Hund futtermäkelig, frisst also nicht mehr so gut und gern, sollten Sie zuerst die Zähne kontrollieren. Häufig sind einfach Zahnprobleme die Ursache. Aber auch die Bildung von Tumoren oder andere Krankheiten können Ursache sein, weshalb im zweiten Schritt eine Abklärung beim Tierarzt notwendig ist. Kann keine organische Ursache gefunden werden, dürfen Sie bei Ihrem alten Hund ruhig auch einmal in die Trickkiste greifen. Wie das Gehör, lassen auch der Geruchs- und Geschmackssinn nach, sodass es oftmals hilft, das Futter mit einer schmackhaften Zugabe wie Fischöl oder Fleischbrühe zu verfeinern. Manchmal reicht schon, das Trockenfutter nicht mehr trocken zu geben, sondern mit etwas warmem Wasser zu übergießen, da es dann intensiver riecht.

Hat man beim jungen Hund die Befürchtung, seine Erwartungshaltung zu erhöhen und ihn zum Feinschmecker zu erziehen, so braucht man sich hierüber beim Senior keine Gedanken zu machen. Und seien wir mal ehrlich, wir freuen uns doch über jedes kleine Vergnügen, das wir unserem alten Freund noch machen können!

WASSERAUFNAHME

Wasser sollte generell für Hunde immer frei verfügbar sein – egal in welchem Alter. Alte Hunde werden jedoch manchmal vergesslich, sodass es hilfreich sein kann, an unterschiedlichen Orten einen gefüllten Wassernapf hinzustellen. Trinkt der alte Hund zu wenig, kann auch das Wasser etwas schmackhafter gemacht werden, indem man ein wenig Leberwurst hinein gibt. Dieses muss natürlich regelmäßig erneuert bzw. der Napf gesäubert werden.

Trinkt der alte Hund sehr viel und muss zum Lösen ständig nach draußen oder kann in der Wohnung nicht mehr einhalten, kann dies ein Zeichen für eine der typischen Alterserkrankungen wie Diabetes oder Niereninsuffizienz sein (siehe S. 57 f.). Lassen Sie dies beim Tierarzt abklären, damit eine Behandlung rechtzeitig erfolgen kann.

Krankheiten im Alter und Maßnahmen

Zuerst möchte ich nochmals darauf hinweisen, dass dieses Buch kein medizinischer Ratgeber ist bzw. sein soll! Bei Fragen zur Gesundheit Ihres Hundes, wenden Sie sich bitte immer an den Tierarzt Ihres Vertrauens. Hier werden lediglich die typischen Alterskrankheiten vorgestellt, sowie deren häufigste Symptome beschrieben, jedoch keine medizinischen Ratschläge erteilt.

Und natürlich ist nicht zwangsläufig jeder alte Hund krank, genauso wie auch junge Hunde schwer erkranken können, sogar so schwer, dass sie das Seniorenalter gar nicht erst erreichen. Allerdings gibt es einige Krankheiten, die im Alter wahrscheinlicher sind als in jungen Jahren und daher häufiger in dieser Zeit auftreten. Ein verlangsamter Stoffwechsel sowie andere Alterungsprozesse führen dazu, dass der alte Hund für einige Krankheiten anfälliger ist und auch Heilungsprozesse länger dauern.

Das größte Problem zeigt sich jedoch darin, dass die Menschen krankheitsbedingte Veränderungen ihres Hundes häufig nicht wahrnehmen, da sie diese auf den normalen Alterungsprozess zurückführen. Langsamer laufen, Fressunlust, weniger Motivation beim Training, keine Lust auf Spiele mit Artgenossen, all dies kann neben dem Alter auch auf gesundheitliche Probleme hindeuten. Würde ein junger Hund auf einmal nicht mehr spielen wollen, würde man sich sofort Sorgen machen und den Tierarzt aufsuchen. Bei einem alten Hund wartet man meist jedoch erst einmal ab, ob es noch weitere Anzeichen gibt oder irgendetwas darauf hinweist, dass der Hund Schmerzen hat.

Im Alter lässt bei vielen Hunden die Sehfähigkeit nach, so wie beim 11 Jahre alten Szoda.

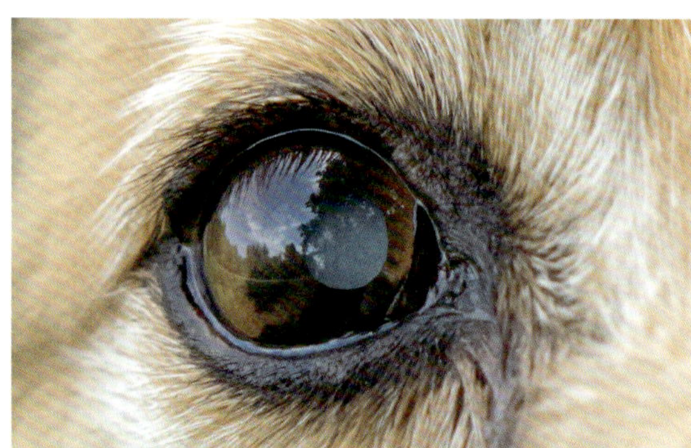

Da es unterschiedliche Ursachen für die Trübung der Linse gibt, sollte sie tierärztlich abgeklärt werden.

Da die Sehfähigkeit bei Hunden im Alter in der Regel langsam nachlässt, kommen die meisten alten Hunde gut mit dieser Einschränkung klar.

NACHLASSEN DER SEHFÄHIGKEIT

Häufig lässt die Sicht bei alten Hunden nach, sie leiden nicht selten am Alterskatarakt, also grauem Star, einer Trübung der Linse. Grauer Star kann zwar auch in jungen Jahren auftreten, was aber eher selten vorkommt. Die Linsentrübung ist meist bereits mit bloßem Auge erkennbar. Da es aber auch andere Ursachen gibt, die zu einer Eintrübung des Auges führen können, sollten Sie Ihren Senior zur Abklärung seiner Sehfähigkeit einem Tierarzt vorstellen, wenn Sie Veränderungen am bzw. im Auge oder aber eine Verschlechterung der Sehleistung bemerken. Auch hier gibt es Tierärzte, die auf Augenheilkunde spezialisiert sind. Ebenfalls sollten Sie einen Tierarzt aufsuchen, wenn die Bindehaut Ihres alten Hundes entzündet oder das Auge mit Schleim oder sogar Eiter verklebt ist (siehe auch S. 35). Ähnlich wie beim Menschen kommt es beim Hund übrigens auch häufig im Alter zu einer Altersweitsichtigkeit, das Auge kann sich dabei immer schlechter auf nahe Objekte scharf stellen. Doch Hunde kommen meist gut mit der nachlassenden Sehleistung im Alter klar, da sie sich nach und nach daran gewöhnen können. Selbst die vollständige Erblindung bedeutet oftmals nur wenige Einschränkungen für den Hund, da er lernt, sich auf seine anderen Sinne zu verlassen. Um dem Senior diese Umstellung zu erleichtern, ist es wichtig, dass auch der Mensch den Umgang mit dem Hund im Alltag, beim Training und vor allem in der Kommunikation mit anderen Menschen und Hunden anpasst.

MEIN TIPP

Alters-Check

Ein regelmäßiger Check-up sollte neben der täglichen Überprüfung der Gesundheit des alten Hundes selbstverständlich sein. Sprechen Sie mit Ihrem Tierarzt, er wird einen geriatrischen (Geriatrie, griechisch = Altersheilkunde) Check machen, bei dem u. a. mit Hilfe eines Bluttests die Blutwerte Ihres Seniors bestimmt werden. Diese geben Aufschluss darüber, ob weitere Untersuchungen, wie z. B. ein Ultraschall, durchgeführt werden sollten bzw. ob Behandlungen notwendig sind.

MASSNAHMEN IM HAUS

Damit Ihr Senior sich auch mit nachlassender oder irgendwann sogar fehlender Sehfähigkeit sicher fühlt und problemlos den Alltag bewältigen kann, sollten Sie vor allem beachten, im Haus bzw. in der Wohnung so wenig wie möglich umzustellen. Bedenken Sie, dass sich Ihr Hund nun wortwörtlich blind zurechtfinden muss. Und das geht nur, wenn er sich nicht ständig neu orientieren muss bzw. seine Orientierungspunkte nicht ständig verändert werden. Insbesondere die Liegeplätze Ihres Hundes sowie der Futter- und Wassernapf sollten immer an den bekannten Stellen bleiben. Überprüfen Sie Ihre Wohnung auf scharfe Kanten und Ecken, die Sie am besten gut abpolstern, sodass sich Ihr Hund nicht daran verletzen kann.

Gewöhnen Sie Ihren Hund daran, dass Sie ihn berühren und zu seinem Liegeplatz oder aber Futternapf führen. Sprechen Sie ihn dazu mit seinem Namen an und streicheln Sie ihn. Am besten trägt Ihr Hund hierfür zu Beginn ein Halsband oder Geschirr. Sie können dieses anfassen und kurz auf Spannung bringen, um Ihren Hund zum Napf zu führen. Anfangs sind Sie dabei kurz vor dem Napf, später immer weiter entfernt. Verbinden Sie das Führen noch mit einem Signal, wie z. B. „Komm mit". Damit haben Sie eine Möglichkeit, Ihren Senior auch außerhalb des Hauses durch schwierige Situationen zu führen.

MASSNAHMEN AUF DEM SPAZIERGANG

Außerhalb des Hauses bietet es sich auch an, den Hund vermehrt mit Hörzeichen zu lenken. Da viele Hunde im Alter erblinden bzw. schlechter sehen, macht es generell Sinn, schon beim jungen Hund nicht nur Sicht-, sondern auch Hörzeichen aufzubauen. Nutzen Sie im Training mal Sichtzeichen, mal Hörzeichen, mal beides, damit Ihr Hund lernt, auf jede Variante zu reagieren. Auch die Verwendung einer Pfeife für den Rückruf macht Sinn, da auch der Hörsinn bei alten Hunden häufig nachlässt. Worte dringen dann oft nicht mehr durch, den Pfiff nehmen aber die meisten alten Hunde wahr.

Den Pfiff mit der Hundepfeife können auch Senioren mit eingeschränkter Hörfähigkeit gut wahrnehmen.

KOMMEN AUF PFIFF

Damit Ihr Hund lernt, auf Pfiff zu Ihnen zu kommen, beginnen Sie das Training in einer ablenkungsfreien Umgebung wie z. B. im Garten. Locken Sie Ihren Hund zu sich, indem Sie ihn ansprechen, in die Hände klatschen oder sich rückwärts von ihm wegbewegen. Belohnen Sie ihn für das Kommen mit einer besonders leckeren Futterbelohnung. Sie können dafür z. B. eine mit Lachspaste oder Leberwurst gefüllte Futtertube nutzen. Nun führen Sie das neue Hörzeichen, also den Pfiff (z. B. Tüt Tüt), ein. Schicken Sie Ihren Hund dazu wieder in den Freilauf. Nach einiger Zeit locken Sie ihn erneut zu sich. Kurz bevor er bei Ihnen ist, pfeifen Sie und belohnen ihn dann für sein Kommen. Schritt für Schritt pfeifen Sie nun immer früher, bis Ihr Hund den Pfiff mit dem Kommen verknüpft hat. Nun können Sie den Pfiff auch als Signal einsetzen, wenn Sie Ihren Hund zu sich rufen möchten.

Mit einem Stock können Sie Ihren Hund auf eine Stufe hinweisen, indem Sie leicht gegen die Kante schlagen.

SICHERHEIT GEHT VOR!

Natürlich sollte Ihr Senior noch so viel Freilauf wie möglich haben! Doch in Gebieten, in denen er Gefahren wie z. B. vorbeifahrende Radfahrer oder Straßen mit Autoverkehr nicht mehr rechtzeitig wahrnimmt, sollten Sie Ihren alten Hund an die Schleppleine nehmen. Damit hat er immer noch genug Freiraum, sodass er rechts und links des Weges schnüffeln kann. Und Sie haben die Sicherheit, dass Sie ihn schnell stoppen können.

KONTAKT MIT FREMDEN MENSCHEN

Schützen Sie Ihren alten, schlecht sehenden Hund vor plötzlichen Kontakten. Viele Menschen haben den Impuls, einen Hund streicheln zu wollen und beugen sich dazu plötzlich von oben zu ihm hinunter. Da Ihr blinder Hund dies nicht kommen sieht, ist es Ihre Aufgabe, solche „Überfälle“ zu verhindern. Stellen Sie sich dabei vor Ihren Hund, sodass der Mensch keinen direkten Zugriff mehr hat. Erklären Sie, dass Ihr Senior nicht mehr so gut sieht und Zeit braucht, den anderen wahrzunehmen.

SIGNAL „ACHTUNG“

Nutzen Sie akustische Signale, um Ihren Hund zu warnen oder auf gefährliche Stellen hinzuweisen. Sie können z. B. immer dann, wenn eine Stufe kommt bzw. wenn es abwärtsgeht, Ihren Hund mit dem Signal „Achtung“ vorwarnen. Nehmen Sie ihn dazu anfangs an die Leine, denn er soll das Signal ja nicht lernen, indem er erst einmal die Erfahrung machen muss, die Stufe herunterzufallen. Kurz bevor die Stufe kommt, sagen Sie „Achtung“ und bringen die Leine auf Spannung. Ihr Hund kann nun nicht stolpern, Sie fangen ihn mit der Leine ab. Langsam kann er nun den Weg vor sich erkunden und vorsichtig eine Pfote vor die andere setzen. Geht es eine Stufe hinauf, können Sie entweder ein anderes Wort (z. B. „Stufe“) verwenden, oder aber z. B. auch einen Stock nutzen, mit dem Sie auf die Stufe leicht schlagen und diese Ihrem Hund mit einem leisen Geräusch anzeigen.

Damit der Schäferhundmischling Nico nicht verloren geht, läuft er zur Sicherheit an der Schleppleine.

Hat Ihr Gegenüber kein Verständnis dafür, dass Sie abrupt dazwischengegangen sind, sollte Ihnen dies egal sein. Auch wenn derjenige Sie dann vermutlich als unfreundlich und ungehobelt wahrnimmt, ist es viel wichtiger, dass Sie Ihren Hund geschützt, ihm Sicherheit gegeben haben und er erfahren hat, dass er sich auf Sie verlassen kann. In der Regel haben die meisten Menschen aber Verständnis dafür.

Spricht der Fremde Ihren Senior erst einmal an und wartet, bis dieser von sich aus näher gekommen ist, um Kontakt aufzunehmen, spricht natürlich nichts dagegen, dass es eine ausgiebige Streicheleinheit für Ihren Senior gibt. Auch in Bezug auf die Begegnung mit Menschen können Sie Ihrem alten Hund wieder helfen, indem Sie ihn auf entgegenkommende Personen aufmerksam machen. Verknüpfen Sie die Begegnung z. B. mit den Worten „Achtung, da kommt ein Mensch", sodass Ihr Hund frühzeitig weiß, dass es nun gleich zu einem Kontakt mit einem anderen Menschen kommen kann.

KONTAKT MIT ANDEREN HUNDEN

Ähnlich können Sie auch Kontakte mit anderen Hunden ankündigen. Auch in Bezug hierauf müssen Sie Ihren alten Hund schützen, indem Sie stürmisch auf ihn zulaufende Hunde erst einmal abhalten (siehe S. 74). Hat Ihr Hund den anderen Hund wahrgenommen und möchte Kontakt aufnehmen, spricht natürlich auch nichts dagegen, dass die beiden Hunde miteinander frei laufen. Beobachten Sie die Begegnung dabei aber genau, denn Ihr Senior wird u. U. Signale des anderen Hundes nicht bemerken. Hunde kommunizieren hauptsächlich über die Körpersprache, also über Sichtzeichen. Dass ein anderer Hund diese nicht erkennen kann, da er nichts sieht, versteht ein gesunder Hund erst einmal nicht. Fixiert der andere also z. B. Ihren alten Hund und fordert diesen auf, zu gehen, nimmt Ihr Senior das vielleicht erst wahr, wenn er sehr nahe an den anderen herangekommen ist und das leise Knurren des Hundes vernommen hat. Dann ist es aber oft schon zu spät und es kommt zu einer Auseinandersetzung, die Ihr Senior nicht wirklich versteht und bei der es leicht zu einer Verletzung kommen kann. Lassen Sie daher Kontakte nur dann zu, wenn Sie sehen, dass es zu einem entspannten Zusammentreffen kommt.

UNSICHERHEIT BEI DUNKELHEIT

Gerade dann, wenn die Sicht nachlässt, der Hund aber noch nicht vollständig erblindet ist, kann es vor allem in der Dämmerung oder im Dunkeln zu einer Verunsicherung des Hundes kommen, da er nicht mehr gut erkennen kann, was gerade auf ihn zukommt oder sich vor ihm befindet. Da kann die Mülltonne, die der Nachbar gerade an die Straße gestellt hat, zum Furcht einflößenden Objekt werden, das vom Hund angeknurrt oder verbellt wird. Zwingen Sie Ihren Senior nun keinesfalls nahe an das Objekt heran, sondern lassen Sie ihm Zeit, den Geruch aufzunehmen und sich zu vergewissern, dass es wirklich nur die Mülltonne ist. Auch hierbei

Viele Hunde hören im Alter nicht mehr so gut, sodass sie bei lauten Geräuschen entspannt liegen bleiben.

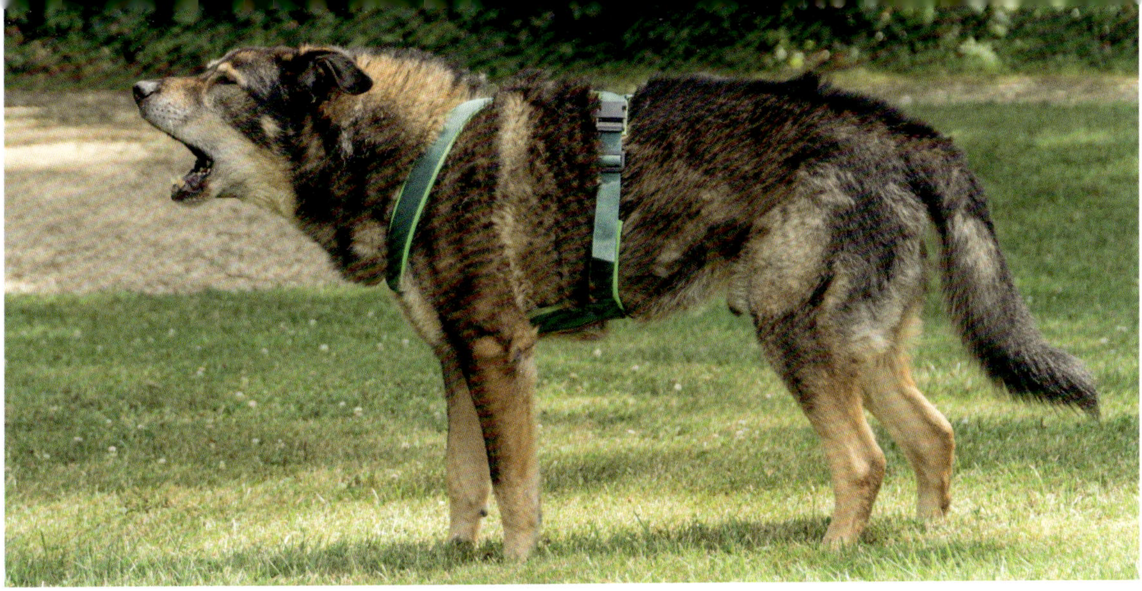

Im Alter bellen viele Hunde häufiger. Ursache hierfür kann Überforderung mit einer Situation sein, aber auch fehlende Orientierung, wenn der Hund sich alleingelassen fühlt.

kann es helfen, die Dinge beim Namen zu nennen, indem Sie ihm z. B. sagen: „Das ist die Mülltonne." Vor allem in Bezug auf die Begegnung mit Menschen kann es in solchen Situationen sogar dazu kommen, dass Ihr Hund nach vorne schießt und abschnappt. Hier ist es Ihre Aufgabe, Situationen vorausschauend zu regeln und zu verhindern, dass Ihr Hund aus seiner Sicht selbst handeln muss. Auch im Haus kann es dazu kommen, dass sich Ihr Hund nachts im Dunkeln nicht mehr so gut orientieren kann. Hier kann es helfen, ein Nachtlicht brennen zu lassen.

NACHLASSEN DER HÖRFÄHIGKEIT

Bei vielen Hunden kommt es im Alter zu einer nachlassenden Hörleistung. Grund hierfür ist häufig eine Reduzierung der Sinneshaare im Innenohr, die irreversibel ist. Doch die meisten Hunde haben kaum Probleme damit, da sie sich, genau wie bei der nachlassenden Sehleistung, nach und nach daran gewöhnen können. Selbst eine vollständige Taubheit ist oft kein großes Problem für den Hund, da er lernt, sich mithilfe seiner anderen Sinne zu orientieren. Dies sollten Sie dann unterstützen, indem Sie Sichtzeichen nutzen und den Kontakt mit anderen Hunden und Menschen regeln.

HÖRTEST

Oftmals merkt man es an vielen Kleinigkeiten, dass der Hund nicht mehr so gut hört. Er reagiert nicht mehr auf das Knistern der Leckerli-Tüte und das Öffnen der Kühlschranktür oder bleibt liegen, wenn man ihn ruft, obwohl er nicht tief schläft. Doch das kann manchmal auch einfach nur daran liegen, dass der Senior gerade nicht hören will. Denn gerade alte Hunde wissen oft, dass ihr Mensch alles nicht mehr ganz so genau meint, dass er nicht mehr ganz so konsequent ist und er nicht immer bzw. nicht immer direkt kommen muss, wenn er gerufen wird. Natürlich kann man zu Hause testen, ob der Senior noch auf Geräusche reagiert. Oftmals ist die aussagekräftige Durchführung solcher Tests jedoch schwierig, da der Hund auf den kleinsten Sichtreiz, sogar auf einen Schatten, oder auch auf Erschütterungen des Bodens reagiert. Zuverlässig Auskunft über die Hörleistung des Hundes gibt daher nur ein Test beim Tierarzt. Es kann durchaus auch Vorteile haben, wenn Hunde im Alter schlechter hören. Viele Hunde reagieren mit Unsicherheit oder Ängstlichkeit auf laute Geräusche, wie z. B. den Staubsauger, aber auch auf Donner oder Feuerwerk. Lässt die Hörleistung nach, liegen diese Hunde nun auf einmal vollkommen entspannt, während man die Hausarbeit verrichtet und auch an Silvester ist sämtlicher Stress der Jahre zuvor vorbei.

Ellen Marques mit Carlino

Mit Vollgas an der Leine ziehend, ab in den Park ... Im Lottogeschäft Rute wedelnd die Theke abgeräumt ... und heute bist du – entgegen jeder damaligen Vorstellung – mein Ruhepol und verlässlicher Begleiter, mein bester Freund, der niemals seinen Witz und Charme verloren hat, ein echter Boxer eben.

Wenn du heute noch einmal vor dem Schlafengehen zum Pipimachen überredet werden musst, dauert es merklich länger, bis du aufstehst, dennoch bekomme ich nie einen verärgerten Blick von dir, dass ich dich geweckt habe. Dein Appetit ist nicht mehr allzu zügellos, aber alles wird brav aufgefressen, weil es wegen deiner Allergien, Anfälligkeiten und Knochen nun einmal auch sein muss.

Wenn ich dich ins Auto hebe und dir bei unseren Fahrradtouren eine Pause in deinem Anhänger gönne, sehe ich in deinem Blick, dass du sicher noch gekonnt hättest ... Doch heute muss ich auf dich aufpassen, denn du würdest auch jetzt noch immer alles geben, ohne Rücksicht auf dich zu nehmen.

Dein bester Hundekumpel überredet dich durch Beharrlichkeit immer und immer wieder zum Toben, obwohl ihr beide mittlerweile eher auf einer Stelle liegen bleibt, anstatt wie damals über die Wiese zu rennen.

Ich muss auch schon mal schmunzeln, wenn ich realisiere, dass ich tatsächlich zweimal deinen Namen sagen muss, weil du langsam etwas taub auf den Ohren wirst oder mich ernsthaft spätabends so anschaust, als hätte ich dein Abendessen vergessen.

Wenn du mal nicht sofort zur Türe gelaufen kommst, wenn ich nach Hause komme oder du mal stolperst, jagst du mir immer einen kleinen Schrecken ein und ich habe unendlich Angst vor der Zeit, in der ich ohne dich durch unseren Wald spazieren soll. Ich kann mir gar nicht vorstellen, wie es ohne dich sein soll. Wie sich ein Martinshorn anhört, ohne dass es von deinem Gesang begleitet wird.

Ich kenne dich genau. Und du mich auch.

Du hast mir unendlich viel beigebracht und mich Geduld gelehrt. Dein ganzes Leben bist du schon an meiner Seite und wirst mein ganzes Leben bleiben. Carlino, ich liebe dich, mein Bester.

In stark frequentiertem Gelände sollten Sie Ihren tauben Hund mithilfe der Schleppleine sichern, da Sie ihn oft nicht schnell genug vor herannahenden Gefahren warnen können.

MASSNAHMEN FÜR TAUBE HUNDE

Gewöhnen Sie Ihren tauben Hund daran, dass er auf eine Berührung von Ihnen Blickkontakt aufnimmt. Streicheln Sie Ihn z. B. immer an einer bestimmten Stelle an der Seite und bestätigen Sie den darauffolgenden Blickkontakt, indem Sie ihm ein Futterstück geben oder es auf den Boden werfen, sodass er es suchen darf. Achten Sie aber bitte darauf, Ihren Hund sanft zu berühren, denn ein tauber Hund erschrickt meist über eine plötzliche, ruppige Bewegung. Alternativ können Sie auch mit dem Fuß auf den Boden treten, sodass er aufgrund der Erschütterung Blickkontakt mit Ihnen aufnimmt.

Auch wenn Ihr tauber Hund Sie nicht mehr hören kann, sollten Sie weiterhin mit ihm sprechen. Taube Hunde lesen an unserer Körpersprache und Mimik ab, was gemeint ist. Ohne zu sprechen, setzen wir Menschen aber unsere Körpersprache meist nicht bzw. nicht passend ein, sodass der taube Hund dann denkt, er sei nicht gemeint bzw. sich ausgeschlossen fühlt, da keiner mehr mit ihm spricht oder sich um ihn kümmert.

RICHTUNGSHÖREN

Im Alter wird auch das Richtungshören schwieriger. Der Hund kann die Richtung, aus der ein Geräusch oder auch Ihr Signal, wie z. B. der Rückruf, kam, nicht mehr genau orten. So kann es passieren, dass er genau in die entgegengesetzte Richtung läuft, wenn er sich z. B. in einem Gebüsch befindet und Sie nicht sehen kann. Dies ist besonders deshalb gefährlich, weil Sie ihn nun auch nicht durch Rufen auf seinen Fehler aufmerksam machen können. Ihr Hund sieht Sie aber nirgends, bekommt Panik und beginnt zu laufen. Auch alte Hunde können dabei durchaus noch eine hohe Geschwindigkeit erreichen, sodass Sie nun durchstarten müssen, damit Ihr Senior nicht ganz verlorengeht oder aus lauter Panik auf die Straße rennt. Draußen müssen taube Hunde deshalb häufig mithilfe der Schleppleine gesichert werden. Dies ist aber auch aus dem Grund nötig, da man sie, wenn sie vor dem Menschen laufen, nicht durch Sichtzeichen auf Gefahren wie überholende Radfahrer aufmerksam machen kann.

Vibrationshalsband

Sie können Ihren Hund auch an ein Vibrationshalsband gewöhnen und mithilfe der Vibration auf sich bzw. auf weitere Sichtzeichen aufmerksam machen.

1 Gewöhnung

Lassen Sie Ihren Hund das Halsband zunächst eine Zeit lang tragen, damit er sich an den Kasten, der am Halsband befestigt ist, gewöhnt.

2 Dämpfung der Vibration

Wichtig ist, dass Ihr Hund das erste Vibrieren nicht negativ verknüpft, er darf sich also nicht beim ersten Einsatz des Gerätes erschrecken. Bei sensiblen Hunden können Sie daher zu Anfang noch ein Handtuch unterlegen, da die Vibration so erst einmal etwas gedämpft ist.

3 Positiv verknüpfen

Füttern Sie Ihren Hund und lösen Sie dabei zum ersten Mal die Vibration aus. Beobachten Sie ihn genau. Frisst er einfach weiter ohne jegliche Reaktion, war die Vibration vermutlich zu schwach und Sie können das Handtuch unter dem Gerät entfernen. Schaut er kurz auf, frisst aber weiter, hat er die Vibration zwar wahrgenommen, sich aber nicht erschrocken. Wiederholen Sie Fütterung und Vibration einige Male, bis Ihr Hund die Vibration positiv verknüpft hat. Danach trainieren Sie auch ohne Handtuch unter dem Gerät.

4 Blickkontakt belohnen

Nehmen Sie nun einige Leckerlis in die Hand, während Ihr Hund Ihnen zuschaut. Warten Sie, bis er kurz den Blick abwendet. Lösen Sie die Vibration aus, Ihr Hund wird Sie jetzt vermutlich anschauen. Diesen Blickkontakt belohnen Sie sofort mit einem Futterstück aus Ihrer Hand. Üben Sie das Anschauen nach der Vibration aus immer weiterer Distanz und an möglichst vielen unterschiedlichen Orten.

5 Weitere Signale

Nun können Sie das Vibrationshalsband nutzen, um Ihrem Hund nach dem Auslösen und Anschauen weitere Signale zu geben. Üben Sie jetzt, dass Ihr Senior auf ein Sichtzeichen zu Ihnen kommt oder sich auf ein Sichtzeichen hinsetzt. Schritt für Schritt erweitern Sie dabei dann auch die Distanz zwischen sich und Ihrem Hund.

Martin zeigt der fast 16 Jahre alten Jack Russell Terrier-Hündin Foxy, wo das Leckerchen liegt, damit sie dieses besser findet.

RIECHLEISTUNG

Manchmal lässt bei alten Hunden nicht nur der Seh- bzw. der Hörsinn, sondern auch der Geruchssinn nach. Hunde haben eine ausgezeichnete Nase, deren Fähigkeiten wir Menschen gar nicht richtig nachvollziehen können. Daher fällt es uns vermutlich häufig gar nicht auf, wenn die Riechleistung des Hundes im Alter etwas nachlässt. Erst bei gravierendem Leistungsabfall bemerken wir Menschen dies, etwa wenn der Hund das sich direkt vor seiner Nase befindliche Futter nicht mehr wahrnimmt. Meist ergeben sich hierdurch aber keine großen Einschränkungen im Alltag. Der Futternapf steht in der Regel immer am gleichen Platz, zudem rufen wir meist den Hund, wenn es Futter gibt und stellen ihm dieses gut sichtbar hin. Suchspiele sind dann allerdings schwierig. Sie müssen hier Ihrem Hund das Futter, das auf der Wiese liegt, genau anzeigen, indem Sie deutlich mit dem Zeigefinger darauf zeigen. Ihr Hund wird sehr schnell lernen, dass er nur Ihrem Finger folgen muss, um das Futter zu finden.

STUBENUNREINHEIT

Stubenunreinheit im Alter kann unterschiedliche Ursachen haben. Genauso wie jeder andere Muskel im Körper kann auch der Blasenschließmuskel an Kraft verlieren, sodass es zum Harntröpfeln kommt. Aber auch Krankheiten wie Diabetes oder Niereninsuffizienz können Ursache sein, sodass Sie im ersten Schritt immer Ihren Tierarzt aufsuchen sollten. Ist eine Krankheit die Ursache, muss natürlich diese erst einmal behandelt werden. Findet man keine Ursache, kann auch nur die Inkontinenz mit Medikamenten behandelt werden. Bitte sprechen Sie Ihren Tierarzt auf die unterschiedlichen Behandlungsmöglichkeiten an.

Nicht immer jedoch ist eine Behandlung erfolgreich. Damit Ihr Hund nicht ständig auf einer nassen Decke liegen muss oder der Urin Ihr Sofa oder Bett verschmutzt, können Sie Ihren Hund an Windeln gewöhnen. Diese gibt es sowohl aus Plastik als auch aus Stoff, der gewaschen werden kann. Gewöhnen Sie Ihren Hund in kleinen Schritten an das Tragen der Windel. Ziehen Sie ihm diese zunächst nur kurz an, belohnen Sie ihn und ziehen Sie die Windel sofort wieder aus. Im nächsten Schritt soll Ihr Hund die Windel etwas länger tragen. Beschäftigen Sie ihn daher mit einer Aufgabe, die er gern ausführt, z. B. mit Apportierübungen oder einer Suche. Schritt für Schritt lassen Sie Ihren Hund die Windel dann immer länger nach der eigentlichen Beschäftigung tragen. Da Ihr Hund sich nun nicht mehr selbst säubern kann, müssen Sie ihn öfter abwaschen und aufpassen, dass es nicht zu einer Entzündung kommt. Gerade bei langhaarigen Hunden bzw. bei Hunden mit langen Haaren an den Hinterbeinen und der Rute muss man hier besonders darauf achten. Eventuell macht es auch Sinn, die Haare an diesen Stellen zu kürzen.

Alternativ und vor allem dann, wenn Ihr Hund nicht auf dem Sofa oder im Bett, sondern nur in seinem Körbchen liegt, können Sie eine saugfähige Einlage in das Körbchen legen. Im Handel gibt es hierfür spezielle Inkontinenzmatten.

ZUGANG ZUM LÖSEPLATZ

Viele alte Hunde können aber auch den Kot nicht mehr halten. Sie müssen häufiger nach draußen bzw. müssen sofort nach draußen gelassen werden, wenn sie Anzeichen dafür zeigen. Achten Sie daher, so wie früher im Welpenalter, auf Ihren alten Hund: Wird er unruhig, steht er vor der Tür und jammert, müssen Sie schnell reagieren. Da ein alter Hund durchaus auch mitten in der Nacht nach draußen muss, kann eine offen stehende Terrassentür (im Sommer) oder eine Türklappe helfen.

Damit Ihr Hund lernt, die Türklappe selbstständig zu nutzen, müssen Sie ihm das Durchlaufen vorab beibringen. Lassen Sie dazu zunächst den Durchgang – ohne Klappe – offen und locken Sie Ihren Hund hindurch. Sie können auch ein Futterstück oder ein Spielzeug durch den Durchgang werfen, sodass Ihr Hund motiviert ist, hindurchzugehen. Alternativ trainieren Sie mit einer zweiten Person und locken Ihren Hund mithilfe eines Leckerlis jeweils von der einen auf die andere Seite. Im nächsten Schritt hängen Sie ein Stück Stoff in den Durchgang. Ihr Hund muss diesen nun zur Seite schieben. Sie können ihm helfen, indem Sie den Stoff anfangs etwas anheben. Erst jetzt kommt die eigentliche Tür zum Einsatz. Helfen Sie Ihrem Hund anfangs auch hierbei, indem Sie die Tür leicht anheben, sodass Ihr Hund einfach hindurchkommt. Hat er gelernt, die Tür tagsüber zu nutzen, wird er dies auch nachts gern annehmen.

Niemals jedoch sollten Sie Ihren Senior dafür bestrafen, wenn doch einmal ein Malheur passiert. Ihr Hund hat dies keinesfalls „mit Absicht“ gemacht oder aber gar, um Sie zu ärgern, sondern weil er nicht in der Lage war, länger einzuhalten. Meist ist es dem Hund sogar selbst sehr unangenehm, da er ja in der Regel gelernt hat, dass er sich nicht in der Wohnung lösen soll. Entfernen Sie die Hinterlassenschaft einfach und überlegen Sie, was Sie zukünftig am Tagesablauf oder der Betreuung Ihres Hundes verändern können, damit es nicht noch einmal zu einem solchen Vorfall kommt.

PROBLEME MIT DEN GELENKEN

HÜFTGELENKS- UND ELLENBOGENDYSPLASIE

Viele alte Hunde leiden unter Gelenksproblemen. Gerade dann, wenn Krankheiten wie Hüftgelenksdysplasie (HD) oder Ellenbogengelenksdysplasie (ED) vorliegen, wird die Knorpelschicht der Gelenke übermäßig abgenutzt. Es kommt zu Entzündungen der Gelenkhaut, schmerzhafte Arthrose entsteht. Natürlich müssen solche Erkrankungen tiermedizinisch behandelt werden, sprechen Sie über mögliche Medikamente oder Operationen mit Ihrem Tierarzt. Auch ein Physiotherapeut kann gegebenenfalls hinzugezogen werden.

Hunde mit Hüftgelenksdysplasie können im Alter, wenn sich bereits Arthrose gebildet hat, die Oberschenkel im Liegen nicht mehr nach vorne strecken. Sie liegen dann in der „eingeklappten Froschstellung", also mit den Oberschenkeln nach vorn und den Unterschenkeln und Füßen nach hinten, wenn sie sich ausgestreckt hinlegen. Auch das Urinieren im Stehen ohne Anheben des Hinterbeins kann auf Gelenksprobleme hinweisen.

UNTERSTÜTZENDE MASSNAHMEN

Sie können Ihren erkrankten Hund unterstützen, indem Sie ihn möglichst schlank halten, jedes Gramm zu viel schadet. Außerdem sollten Sie darauf achten, dass Ihr Hund gut bemuskelt ist. Ein Ausdauertraining am Fahrrad ist daher empfehlenswert, solange Ihr Hund hierzu noch fit genug ist. Sprechen Sie bitte jedoch zuvor mit Ihrem Tierarzt ab, ob die körperliche Beanspruchung durch das Laufen am Fahrrad für Ihren Hund geeignet ist.

Führen Sie Ihren Hund am Fahrrad an der Leine, die am Geschirr befestigt ist. Fahren Sie so schnell, dass er in einem gleichmäßigen Trab läuft, da diese Gangart zum einen gelenkschonender als ein schneller Galopp ist, zum anderen aber mehr Muskeln aufgebaut werden als beim langsamen Schritt. Natürlich sollte der Boden möglichst weich sein, lassen Sie Ihren Hund nicht zu lange auf Asphalt laufen. Dies schadet den Pfotenballen und belastet die Gelenke. Beginnen Sie mit kurzen Strecken von fünf Minuten und steigern Sie die Streckenlänge langsam. Sie dürfen Ihren alten Hund nicht überfordern, er sollte danach nicht erschöpft ins Körbchen fallen und sich am nächsten Tag nicht mehr bewegen können.

Achten Sie generell beim Training darauf, dass Ihr Senior die betroffenen Gelenke nicht stark belastet. Leidet Ihr Hund an Ellenbogengelenksdysplasie, sind hohe Sprünge mit Landung auf den Vorderbeinen nicht sinnvoll. Der Hund sollte daher z. B.

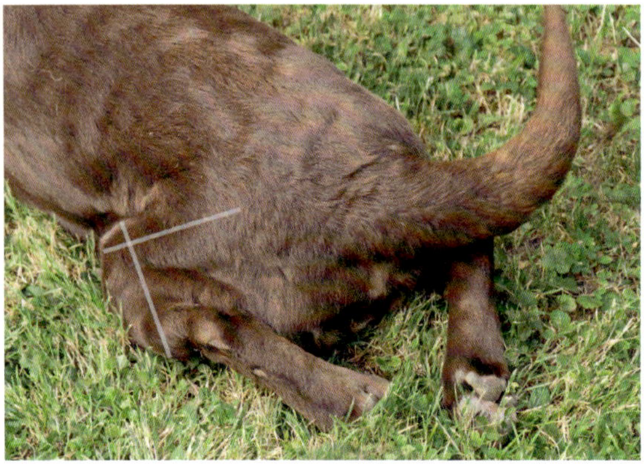

Bei Arthrose wird der Oberschenkel nicht mehr nach hinten weggestreckt, da dies schmerzhaft ist.

Urinieren im Stehen, ohne das Bein zu heben, kann beim Rüden auf Schmerzen im Rücken hinweisen.

Da der 12 Jahre alten Schafpudel-Hündin Lina das Treppensteigen mittlerweile schwerfällt, trägt sie unterwegs immer ein Hilfsgeschirr, mit dem sie dabei unterstützt werden kann.

Gegenständen nicht direkt hinterherjagen dürfen, sondern eher in eine ruhige Suche geschickt werden. Ausdauerndes Fährtentraining, bei dem der Hund die Nase für lange Zeit nach unten hält, ist ebenfalls nicht ideal. Alle Bewegungen steil bergab sollten Sie nach Möglichkeit vermeiden.

Bei Hüftgelenksdysplasie dagegen sind Bewegungen bergauf, bei denen die Hüftgelenke beansprucht werden, eher ungünstig. Manche Hunde haben Probleme, bergauf bzw. die Treppe hinauf zu laufen. In diesen Fällen können Sie ein sogenanntes Hilfsgeschirr nutzen. Dieses Geschirr geht weit bis unter den Bauch des Hundes. Zudem besitzt es einen Griff am Rückenteil, mit dem Sie Ihren Hund unterstützen können.

SPONDYLOSE

Springt Ihr Hund nicht mehr so gern aufs Sofa oder ins Auto und steht er nach dem Liegen schwerfälliger auf, läuft sich dann aber ein, kann dies auf Spondylose, eine Erkrankung der Wirbelsäule, hinweisen. Hierbei kommt es zu einem Abbau der elastischen Bandscheiben und knöchernen Zubildungen auf der Unterseite der Wirbelkörper. Diese lassen sich im Röntgenbild nachweisen. Suchen Sie daher Ihren Tierarzt auf und sprechen Sie diesen auf die Symptome Ihres Hundes an, damit er die notwendigen Untersuchungen durchführen kann. Lassen Sie Ihren an Spondylose erkrankten Hund nicht mehr springen und vermeiden Sie aktive Bewegungen mit vielen Sprints und Stopps oder engen Drehungen und Wendungen.

MEIN TIPP

Schwimmen

Training im Wasser ist für Hunde mit Gelenksproblemen ideal, da durch die Auftriebskraft des Wassers die Gelenke nicht so stark belastet werden. Allerdings sollten Sie nur dann ins Wasser gehen, wenn die Umgebungs- sowie die Wassertemperatur nicht zu niedrig sind, da zu große Kälte bei Arthrose vermieden werden sollte (siehe S. 142 f.).

Beim Test des Stellreflexes überprüft man, ob bzw. wie schnell der Hund die nach hinten gebogene Pfote wieder richtig auf den Boden aufsetzt.

DEGENERATIVE MYELOPATHIE

Gerade im hohen Alter zeigen vor allem große Hunde eine Schwäche der Hinterhand, eine sogenannte Degenerative Myelopathie. Zeigt ein Hund keinen Stellreflex mehr, kann dies ein Hinweis hierauf sein. Zur Überprüfung wird die Pfote des Hundes nach hinten gebogen und auf den Boden gesetzt. Ein gesunder Hund wird die Pfote automatisch sofort wieder nach vorne ziehen und richtig, also auf den Pfotenballen, aufsetzen. Im fortgeschrittenen Stadium kann der Hund die Pfote auch beim Laufen nicht mehr richtig nach vorne ziehen, die Pfote schleift daher beim Laufen über den Boden. Sind die Krallen stark abgeschliffen und später die Zehen vorne aufgescheuert, müssen Sie Ihrem Hund beim Spaziergang Pfotenschuhe anziehen.

Die 14 Jahre alte Mischlingshündin Ida leidet an einer Tarsalgelenks-Luxation. Mithilfe einer Bandage kann sie dennoch kurze Strecken laufen.

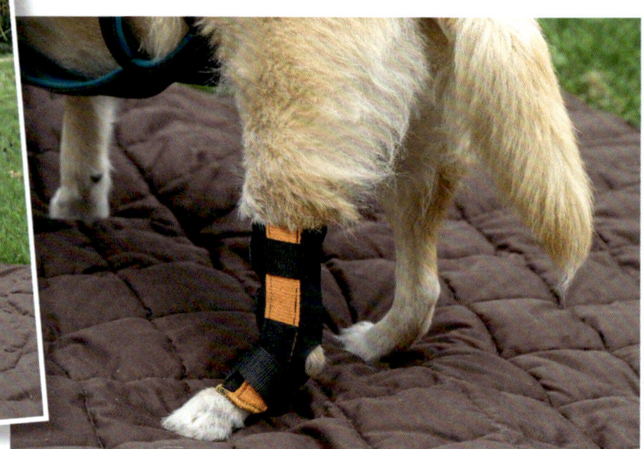

PFOTENSCHUHE UND BANDAGEN

Am besten gewöhnen Sie Ihren Hund bereits in jungen Jahren an das Tragen von Pfotenschuhen. Da Pfotenverletzungen generell nicht selten bei Hunden sind, sollte ihm das Tragen von Pfotenschuhen nicht unangenehm sein. Verknüpfen Sie den Schuh zunächst mit etwas Angenehmem. Dazu können Sie Ihren Hund den Schuh apportieren lassen. Alternativ legen Sie Leckerchen darauf oder hinein, Ihr Hund darf diese von bzw. aus dem Schuh heraus fressen. Ziehen Sie dann dem Hund einen Schuh kurz an und danach sofort wieder aus. Im nächsten Schritt lassen Sie den Schuh kurz an und beschäftigen Ihren Hund mit einer für ihn spannenden Aufgabe, wie z. B. einer Suche, Tricks oder Apportierübungen. Gewöhnen Sie Ihren Hund nun genauso an den zweiten und gegebenenfalls auch dritten oder vierten Schuh. Trägt Ihr Hund die Schuhe für eine längere Zeit, während Sie etwas Tolles mit ihm trainieren, können Sie den ersten Spaziergang wagen. Beobachten Sie Ihren Hund aber genau. Versucht er die Schuhe auszuziehen, sprechen Sie ihn an und beschäftigen ihn mit einer kurzen Aufgabe.

Ähnlich erfolgt auch die Gewöhnung an Bandagen oder sonstige Hilfsmittel, die vom Tierarzt oder Physiotherapeuten verschrieben wurden, um den Hund beim Laufen zu unterstützen.

WARZEN UND HAUTPROBLEME

Viele alte Hunde leiden unter Hautproblemen wie Warzen oder Liegeschwielen.

Warzen sind dabei meist harmlos, und wenn sie den Hund nicht stören, sollte man sie auch nicht entfernen. Hunde sind nicht eitel, nur aus Schönheitsgründen sollte eine Operation, die oft mit den Risiken einer Narkose einhergeht, nicht durchgeführt werden. Eine Warze, die stark wächst und den Hund stört, wie es z. B. häufig bei Warzen am Augenlid vorkommen kann, sollten Sie Ihrem Tierarzt zeigen. Dieser wird mit Ihnen besprechen, ob eine chirurgische Entfernung sinnvoll ist. Da Tumoren, vor allem an den Augenlidern, zu Beginn einer Warze recht ähnlich sehen, sollten Sie im Zweifelsfall die Zubildung immer von Ihrem Tierarzt abklären lassen.

Wie beim Menschen gibt es auch beim Hund Altersflecken auf der Haut. Nicht jeder dunkle Fleck muss daher gefährlich sein. Beobachten Sie genau, ob die Flecken größer werden und klären Sie es mit Ihrem Tierarzt ab, damit Sie Tumoren der Haut frühzeitig erkennen und gegebenenfalls chirurgisch entfernen lassen können.

Zubildungen oder Hautflecken sollten Sie von Ihrem Tierarzt überprüfen lassen, vor allem dann, wenn diese schnell größer werden.

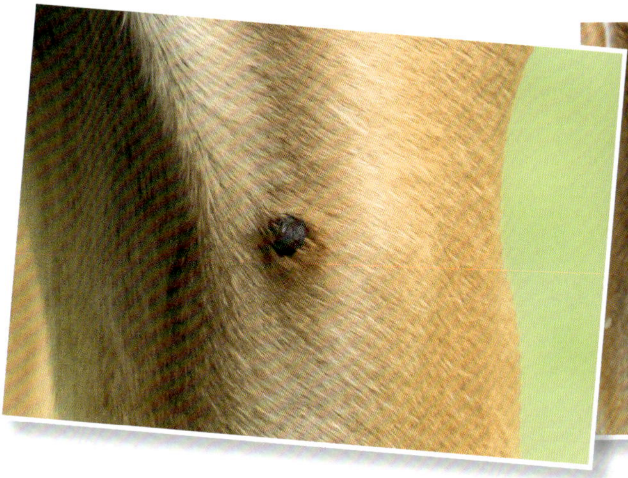

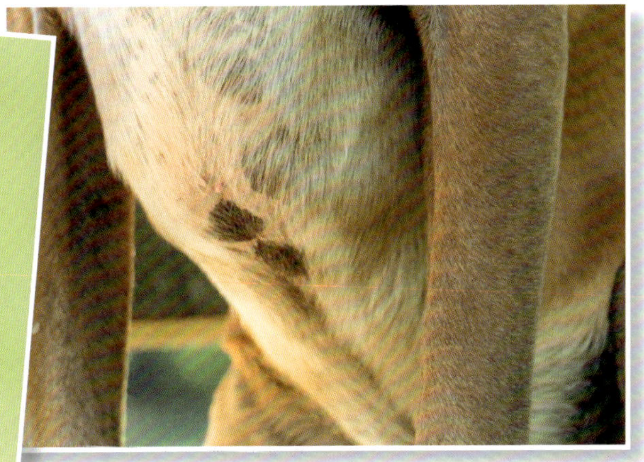

LIEGESCHWIELEN

Die Haut des Hundes wird im Alter immer trockener und rissiger. Vor allem Hautstellen an Gelenken verhornen insbesondere dann, wenn der Hund viel auf harten, sandigen Böden liegt. Diese sogenannten Liegeschwielen sind absolut ungefährlich. Allerdings sollten Sie eine weitere Austrocknung verhindern, da es sonst zu blutigen Stellen kommen kann, die sich auch entzünden können. Achten Sie darauf, dass Ihr Hund möglichst häufig auf einer weichen Unterlage, wie z. B. einer viscoelastischen Matte, liegt. Sie können die Liegeschwielen auch mit Ringelblumensalbe oder Melkfett einreiben.

Unter der Haut zeigen sich gerade bei alten Hunden häufig kleinere Erhebungen. Meist handelt es sich dabei um ungefährliche Lipome. Zeigen Sie eine solche Erhebung Ihrem Tierarzt. Dies gilt vor allem dann, wenn sie schnell größer wird und wächst, da es sich auch um Tumoren handeln kann.

SCHILDDRÜSENUNTERFUNKTION

Viele Hunde leiden vor allem im Alter unter einer Schilddrüsenunterfunktion. Ist Ihr Hund häufig müde und schnell schlapp, schläft viel, nimmt ohne erklärbaren Grund an Gewicht zu und hat auf einmal stumpfes Fell, können das Hinweise auf diese Erkrankung sein. Sprechen Sie Ihren Tierarzt in Bezug auf die Anzeichen an. Eine Blutuntersuchung gibt Aufschluss darüber, ob die Schilddrüsenwerte in Ordnung sind. Im Falle einer Unterfunktion bekommt der Hund Tabletten, die er zwar sein Leben lang einnehmen muss, die jedoch bei richtiger Dosierung dazu führen, dass die Symptome verschwinden.

TUMOREN

Genauso wie beim Menschen bilden sich beim Hund, vorwiegend auch im Alter, Tumoren. Diese können in der Haut sitzen, sich am Lidrand oder im Maul- oder Rachenbereich befinden. Aber auch Leber- oder Milztumoren sind im Alter nicht selten.

Bei einem regelmäßigen Check-up beim Tierarzt können solche Tumoren frühzeitig entdeckt werden, sodass dem Hund durch eine Operation oft mehr Lebenszeit gegeben werden kann. Einige Tumoren, wie z. B. Milztumoren, wachsen jedoch sehr schnell und sind häufig bösartig. Platzt der Tumor, besteht Lebensgefahr für den Hund. Zudem bilden sich dann meist nach kurzer Zeit Metastasen. Ein geplatzter Milztumor bedeutet daher oft den Tod des Hundes. Anzeichen für einen solchen Tumor sind meist kaum erkennbar, der Hund wird lediglich etwas langsamer und ruhiger, was viele auf den normalen Alterungsprozess zurückführen.

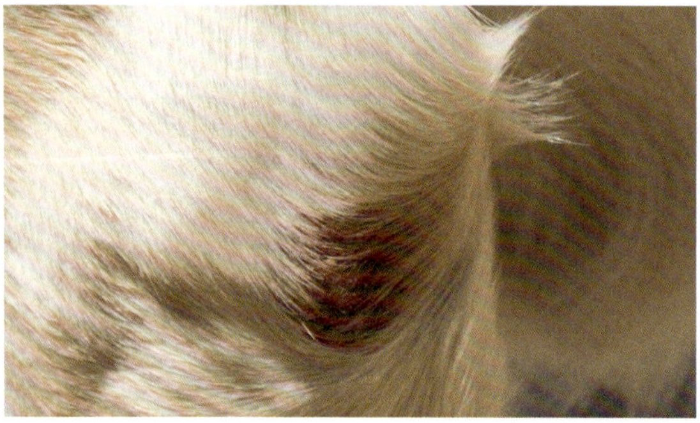

Liegeschwielen können Sie mit Ringelblumensalbe vor der weiteren Austrocknung schützen.

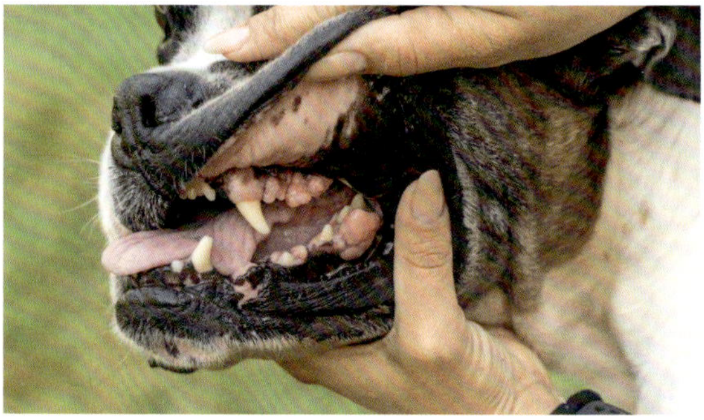

Im Alter bilden sich bei Hunden häufig Tumoren. Kontrollieren Sie auch das Maul Ihres Hundes.

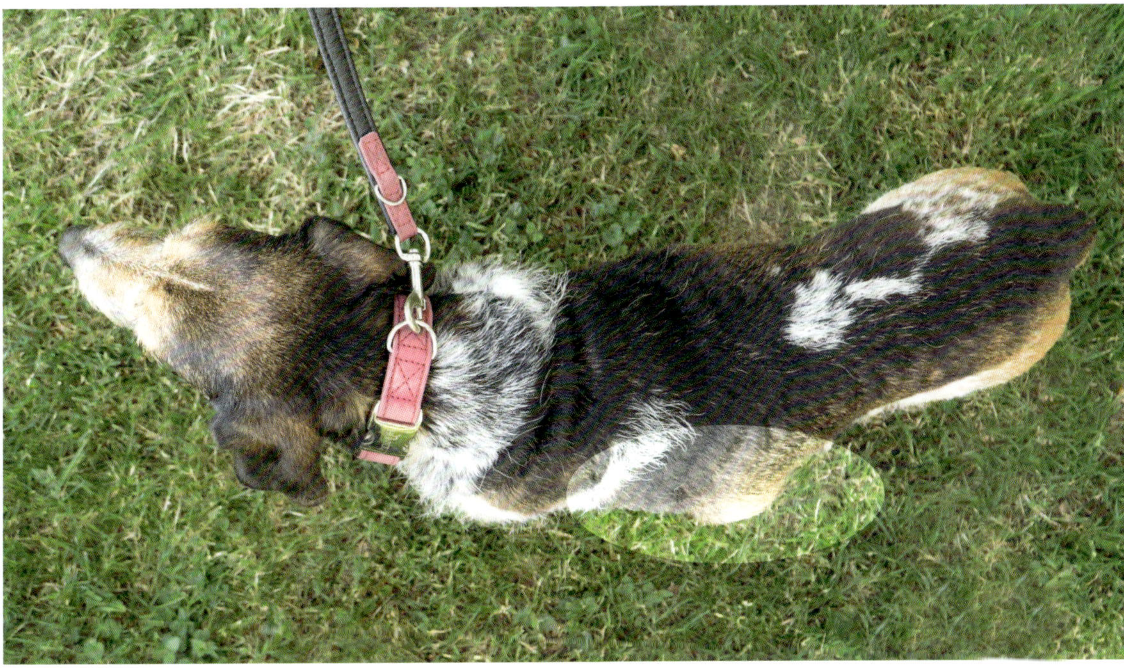

Schwellungen können unterschiedliche Ursachen haben. Um einen Tumor auszuschließen, müssen Sie Ihren Tierarzt aufsuchen.

HERZ- UND NIERENPROBLEME

Viele Hunde leiden im Alter unter Herzinsuffizienz, also einer Herzschwäche. Ursache können z. B. eine Schwächung des Herzmuskels, aber auch Probleme mit den Herzklappen sein. Anzeichen für ein Problem mit dem Herzen ist eine schnelle Ermüdung, der Hund ist zudem schnell außer Atem und hechelt ständig und stark. Häufiger Husten sowie bläulich verfärbte Schleimhäute, Mattigkeit und Apathie sind Warnzeichen, die Sie keinesfalls ignorieren dürfen. Zeigt Ihr Hund eines oder mehrere dieser Anzeichen, suchen Sie Ihren Tierarzt auf.

Bei einer Niereninsuffizienz trinkt und uriniert der Hund vermehrt. Wird die Insuffizienz nicht behandelt, kommt es zu einer Schädigung der Niere bis hin zu vollständigem Nierenversagen, das letztlich zum Tod führt. Bei Verdacht auf diese Krankheit suchen Sie Ihren Tierarzt auf.

GEBÄRMUTTER UND PROSTATA

Die Gefahr einer Gebärmutterentzündung besteht generell bei der unkastrierten Hündin, daher sollten Sie diese vor allem in den beiden Monaten nach der Läufigkeit gut beobachten. Verstärktes Trinken, Fressunlust, Mattigkeit sowie erhöhte Temperatur sind dabei immer Alarmzeichen, die Sie von Ihrem Tierarzt abklären lassen sollten.

Bleibt die Läufigkeit der Hündin im Alter aus, sind viele Menschen nicht beunruhigt. Beim Hund gibt es jedoch keine Wechseljahre. Das Ausbleiben der Läufigkeit kann ein Grund für gesundheitliche Probleme sein und sollte immer abgeklärt werden.

Beim Rüden kommt es im Alter häufig zu Problemen mit der Prostata. Frisst der Rüde schlecht, läuft steifbeinig umher, zeigt Schmerzen beim Urinieren und setzt Kot nur verzögert und in kleinen Mengen ab, müssen Sie Ihren Tierarzt aufsuchen.

Leidet ein Hund an Demenz, beginnt er oft ausdauernd zu bellen, wenn er sich alleingelassen fühlt.

Demente Hunde bleiben manchmal mitten im Raum oder vor einer Wand stehen und starren vor sich hin.

DIABETES

Wenn Ihr Hund deutlich mehr trinkt als üblich, kann dies auf Diabetes hinweisen. Genauso wie beim Menschen sind hierbei übergewichtige Hunde besonders gefährdet. Natürlich kann ein Hund aber auch aufgrund von großer Hitze, starker Anstrengung oder einer großen Menge an Trockenfutter deutlich mehr trinken. Immer dann, wenn Sie keine Erklärung für das vermehrte Trinken Ihres Hundes haben oder er dauerhaft mehr trinkt, sollten Sie Ihren Tierarzt zurate ziehen. Ein Bluttest gibt Auskunft darüber, ob Ihr Hund an Diabetes erkrankt ist. Die Behandlung erfolgt wie beim Menschen mit Insulin. Eine regelmäßige Fütterung ist bei dieser Erkrankung wichtig, damit der Blutzuckerspiegel konstant bleibt.

KOGNITIVE DYSFUNKTION

Leiden Hunde auch unter Demenz? Noch gibt es keine offizielle Forschung bei Hunden, aber man kann vergleichbare Entwicklungen wie bei der Demenz beim Menschen beobachten.

DEMENS (LAT.) = „OHNE GEIST"

„Demenz ist der Oberbegriff für Erkrankungsbilder, die mit einem Verlust der geistigen Funktionen wie Denken, Erinnerung, Orientierung und Verknüpfen von Denkinhalten einhergehen und die dazu führen, dass alltägliche Aktivitäten nicht mehr eigenständig durchgeführt werden können." (Ehmke, 2016, S. 37)

Da es beim Hund noch kein offizielles Krankheitsbild gibt, kann man nur anhand von Symptomen darauf schließen. Betroffene Hunde starren häufig in die Gegend bzw. auf einen Punkt, an dem es aber nicht wirklich etwas von Interesse gibt. Sie wirken dabei so, als wissen sie gar nicht mehr, wo sie sich befinden. Sie haben ständig Hunger, selbst nach der Fütterung, als hätten sie vergessen, dass es gerade Futter gab. Manche Hunde finden den Futter- oder Wassernapf nicht mehr eigenständig, im schlimmsten Fall müssen sie sogar angefüttert werden. Sie beginnen erst dann zu fressen, wenn sie das Futter im Maul haben und schmecken. Betroffene Hunde wollen immer wieder nach draußen, vergessen dort aber, sich zu lösen. Am Spaziergang selbst zeigen sie kaum noch Interesse, es wird nicht mehr geschnüffelt und man muss aufpassen, dass sie nicht verloren gehen. Häufig entsteht starke Trennungsangst, die Hunde können dann nicht mehr allein bleiben. Allein gelassen, bellen sie oft stundenlang. Es passiert auch häufig, dass die Hunde mitten in einer Handlung stehen bleiben und dann beginnen, zu bellen. Es kann auch zu plötzlichen aggressiven Reaktionen kommen, ohne dass es eine eigentliche Ursache hierfür gibt. Betroffene Hunde schlafen entweder ständig tief und fest oder sind nachts unruhig und wandern durch die Wohnung.

FÜNF PUNKTE DER DEMENZ

Nach Dr. Barbara M. Schneider (2013) weisen fünf Punkte auf eine Demenz beim Hund hin:

- Desorientiertheit
- Veränderte Interaktionen mit bekannten Personen/Tieren
- Veränderter Schlaf-Wach-Rhythmus
- Stubenunreinheit
- Veränderte Aktivität

Demenz gilt als unheilbare Erkrankung, man kann lediglich versuchen, das Leben des Hundes so angenehm wie möglich zu gestalten. Helfen Sie ihm daher, wenn er sich nicht zurechtfindet. Achten Sie immer auf ihn, damit er nicht verloren geht und ärgern Sie sich nicht, wenn immer wieder einmal ein Malheur in der Wohnung passiert. Sprechen Sie in jedem Fall Ihren Tierarzt darauf an, welche medizinischen Möglichkeiten es gibt, um den Verlauf der Krankheit abzumildern.

VESTIBULARSYNDROM

Diese Erkrankung ist häufig gekoppelt mit dem Vestibularsyndrom, das aber auch ohne Demenz auftreten kann. Damit bezeichnet man eine Störung des Gleichgewichtsorgans, wodurch es z. B. zum „Im-Kreis-Laufen“ bzw. der für diese Krankheit typischen schiefen Kopfhaltung kommt. Das Vestibularsyndrom wird aufgrund dieser Haltung des Kopfes häufig mit einem Schlaganfall verwechselt. Im Unterschied zu diesem erholt sich der Hund jedoch meist wieder, die Genesung kann einige Tage bis hin zu 6 bis 8 Wochen dauern. In dieser Zeit darf der Hund nicht stark belastet werden, lange Spaziergänge sollte man vermeiden. Polstern Sie Kanten und Ecken in der Wohnung mit Decken und Matten ab, damit Ihr Hund sich nicht verletzt.

Die Schiefhaltung des Kopfes kann aber auch auf andere Ursachen hinweisen, wie z. B. eine Entzündung der Ohren. Suchen Sie daher bei den hier genannten Symptomen immer sofort Ihren Tierarzt auf, damit rechtzeitig mit der notwendigen Behandlung begonnen wird.

Das Vestibularsyndrom wird oft mit einem Schlaganfall verwechselt.

Abschied nehmen und Bestattung

Viele Menschen wollen sich über den Tod ihres Hundes keine Gedanken machen. Doch leider teilen die meisten Hunde unser Leben nur eine begrenzte Zeit, sodass man – bei allen schmerzlichen Gedanken, die dazu gehören – die Augen nicht davor verschließen sollte. Wer sich rechtzeitig darüber Gedanken macht, wie er sich bei einer schweren Erkrankung des Hundes entscheidet bzw. was nach dessen Tod mit ihm passieren soll, ist auch bei einem plötzlichen Notfall vorbereitet. Denn leider erreichen nicht alle Hunde ein biblisches Alter. Von Unfällen oder tödlichen Krankheiten bleiben auch Hunde leider nicht verschont.

Dieses Thema steht bewusst nicht am Ende dieses Buches. Denn auch wenn man sich frühzeitig damit auseinandersetzen sollte, darf es doch nicht das Zusammenleben mit dem Vierbeiner so belasten, dass man sich am Alltag und an der gemeinsamen Zeit nicht mehr erfreuen kann. Genießen Sie daher jeden Tag mit Ihrem Hund, denn niemand weiß, wann der letzte gemeinsame Tag kommen wird. Ärgern Sie sich nicht über Kleinigkeiten, die schief laufen. Auch Hunde dürfen Fehler machen. Freuen Sie sich lieber über jeden Tag, an dem Ihr Vierbeiner freudig wedelnd zum Bett kommt, um Sie zu wecken und nutzen Sie jeden Tag für ein gemeinsames Erlebnis, an das Sie irgendwann einmal, wenn Ihr Hund nicht mehr bei Ihnen ist, mit Freude zurückdenken. Die Zeit, die Sie jetzt mit Ihrem Hund verbringen, ist Ihr Reservoir an wundervollen Erinnerungen für die Zeit, in denen Ihr Hund Sie nicht mehr begleiten kann.

NATÜRLICHER TOD?

Viele Menschen wünschen sich, dass ihr Hund einfach einschläft, möglichst natürlich ohne vorab schwer krank gewesen zu sein. Denn so brauchen sie sich keine Gedanken darüber zu machen, ob und wann das Leben des Hundes beendet werden soll. Für andere wiederum wäre dies das Schrecklichste überhaupt. Morgens aufzuwachen, zum Hundekörbchen zu gehen und dort den toten Hund vorzufinden, kann eine traumatische Erfahrung sein. Man konnte sich nicht verabschieden, es gab keine Ankündigung, der geliebte Hund ist einfach auf einmal nicht mehr da. Oftmals kommt es noch zu Lebzeiten des alten Hundes zu einem solchen Schreckmoment, da viele alte Hunde sehr tief schlafen und gar nicht bemerken, dass der Morgen schon angebrochen ist und Herrchen oder Frauchen aufgestanden sind. Die Atembewegung ist häufig kaum sichtbar, sodass man schon genau hinschauen muss, ob sich der Brustkorb wirklich noch bewegt, ob der Hund noch atmet.

ANZEICHEN, DIE HUNDE UNS ZEIGEN

Kommt der Zeitpunkt des Todes näher, zeigt ein Hund dies an, indem er von sich aus das Fressen verweigert und sogar das Trinken einstellt. Nun sollten Sie Ihren alten Freund nicht mehr allein lassen, denn viele Hunde gehen immer genau dann, wenn es ruhig ist. Doch Ihr Hund war so viele Jahre Ihr treuer Begleiter, dass Sie nun bei ihm sein sollten.

Wie eng Hunde mit ihren Menschen verbunden sein können, zeigt das Beispiel der 13 Jahre alten Hündin Debby. Diese hatte morgens Durchfall und erbrach ihr Futter. Auch nach dem Aufsuchen des Tierarztes und einer entsprechenden Behandlung verweigerte sie das angebotene Futter, obwohl es sich um das sonst so begehrte Nassfutter handelte. Sie war sehr schwach und so blieb ihre Halterin nachts mit ihr unten im Wohnzimmer, da Debby die Treppe hinauf ins Schlafzimmer nicht mehr hätte bewältigen können. Immer wieder bot ihre Halterin ihr Wasser an, doch auch dies verweigerte sie seit dem Abend. Gemeinsam lagen die beiden auf dem Sofa, Debby kuschelte sich eng an ihre Halterin an. Diese schlief gegen 2 Uhr kurz auf dem Sofa ein. Als sie gegen 4 Uhr wieder wach wurde, lag Debby am anderen Ende des Sofas. Sie war für immer eingeschlafen.

Hunde vertrauen uns ihr Leben an. Daher sollten wir Menschen bis zu ihrem Lebensende ein Fels in der Brandung für sie sein.

EINSCHLÄFERN DES HUNDES

Heutzutage kommt es nur selten vor, dass ein Hund eines natürlichen Todes stirbt. Viele Menschen lassen ihren alten Hund einschläfern, da sie denken, dass das Leben des alten Hundes unwürdig ist. Doch ist es das wirklich? Hierzu muss man sich die Frage stellen, wann ein Leben lebenswert ist und woran man die Lebensqualität für einen Hund ausmacht. Sicher ist ein alter Hund nicht mehr so aktiv wie ein junger Hund. Er kann den Menschen nicht mehr überallhin begleiten, kann sportlich nicht mehr so aktiv sein wie früher. Doch braucht der alte Hund das überhaupt? Ich stelle immer wieder fest, dass ein alter Hund ganz froh darüber ist, mehr Ruhezeiten zu haben und nicht immer überall mit hinzumüssen. Das heißt natürlich nicht, dass er gar nichts mehr erleben möchte. Doch allein am Aktivitätsmodus lässt sich die Lebensqualität des Hundes mit Sicherheit nicht festmachen.

Auch Krankheiten beim Hund können heutzutage vielfach gut behandelt werden. Zudem gibt es Schmerzmittel, die bei unheilbaren Krankheiten zumindest den Schmerz nehmen. Denn das sollte in jedem Fall gelten: Kein Tier sollte leiden müssen! Für ein schwer krankes Tier, das täglich starke Schmerzen hat, die sich nicht bessern werden, bedeutet eine Euthanasie Erlösung. Schwierig wird es häufig dadurch, dass unsere Hunde uns nicht sagen können, wie es ihnen geht und ob sie Schmerzen haben. Gerade deshalb ist die jährliche Untersuchung beim Tierarzt Pflicht, da hierbei oftmals Krankheiten entdeckt werden, die dem Menschen im Alltag gar nicht aufgefallen sind. Beobachten Sie daher Ihren Hund genau. Zeigt er Anzeichen für Stress wie ständiges Hecheln, kann dies auch auf Schmerzen hinweisen.

WANN IST DER ZEITPUNKT GEKOMMEN?

Manchmal kommt es einfach durch das Alter zu Problemen, die die Lebensqualität des Hundes einschränken. So kann Arthrose dazu führen, dass der Hund immer wieder umfällt, da er sich nicht lange auf den Beinen halten kann. Fällt selbst der kurze Weg zum Löseplatz so schwer, dass der Hund sich in der Wohnung löst, ist diese Zeit auch für die Familie eine Belastungsprobe. Viele alte Hunde vergessen, sich zu lösen, wenn sie draußen sind, sodass die Wohnung mehrmals täglich geputzt werden muss. Einige alte Hunde bellen auf einmal, wenn sie allein gelassen werden, sodass die Nachbarn sich beschweren, oder sie wandern hechelnd nachts durch die Wohnung, sodass an Schlaf auch für die Menschen nicht zu denken ist.

Wir entscheiden uns für ein Leben mit Hund. Damit sind wir bis zum Schluss für ihn verantwortlich.

Doch wann sind die Alterseinschränkungen für den Hund so stark, dass das Leben nicht mehr lebenswert ist? Rechtfertigt die Belastung, die durch die Haltung eines alten Hundes für die gesamte Familie entsteht, die Einschläferung eines Hundes? Natürlich muss das Leben der Familie weitergehen, man muss die Haltung eines alten Hundes auch managen können. Auch die finanzielle Seite spielt häufig eine Rolle. Auch wenn z. B. Herzkrankheiten beim Hund gut mit Medikamenten behandelt werden können, sind diese auf Dauer doch ein großer Kostenpunkt im monatlichen Budget. Hat man keine Operationskostenversicherung, schlagen notwendige Operationen oftmals direkt mit mehreren Tausend Euro zu Buche ... Doch welches Alter rechtfertigt noch welche Kosten? Sind 3 000 Euro für 3 Monate mehr Lebenszeit gerechtfertigt? Sie merken schon, diese Fragen lassen sich einfach nicht allgemein beantworten. Aber genau deshalb ist es meiner Meinung nach auch so wichtig, sich rechtzeitig darüber Gedanken zu machen. Denn die Entscheidung, ein Leben zu nehmen, sollte niemals leichtfertig und schon gar nicht aus Bequemlichkeit getroffen werden!

VERANTWORTUNG ÜBERNEHMEN

Der Hund sollte aber auch nicht nur am Leben gehalten werden, weil der Mensch mit dem Verlust nicht klarkommt, den Hund braucht und eine solch schwere Entscheidung, ihn gehen zu lassen, nicht treffen möchte. Diese Verantwortung übernehmen wir mit der Aufnahme des Hundes in die Familie. Denn schon hier entscheiden wir Menschen für den Hund. Wir entscheiden, dass der süße Welpe seine Mama, seine Geschwister und seine Züchterfamilie verlassen und zu uns ziehen muss. Wir entscheiden für den Secondhand-Hund, dass er fortan nicht mehr sein bisheriges Leben, ob als Familienhund, aus dem Tierheim oder von der Straße, fortführen darf, sondern sich mit uns und unseren Bedingungen abfinden muss. Kein Hund trifft die Entscheidung: „Ich ziehe jetzt zu dir!“ Und genauso, wie wir auch für das weitere Leben des Hundes verantwortlich sind und über seinen Alltag entscheiden, natürlich hoffentlich in dem Bewusstsein und Wissen über seine Bedürfnisse und Vorlieben, sind wir auch im letzten Lebensabschnitt für ihn verantwortlich. Kein Hund hat es verdient, am Ende seines Lebens nur noch vor sich hin zu vegetieren. Kann ein Hund nicht mehr eigenständig fressen, trinken, sich lösen oder hat er solche Schmerzen, dass ein entspanntes Leben nicht mehr möglich ist, sollte der Mensch nicht mehr allzu lange damit warten, die Entscheidung über eine Einschläferung des Hundes zu treffen.

FRAGEN ALS KLEINE HILFESTELLUNG

Die folgenden Fragen sollten Sie sich stellen und ehrlich für sich beantworten, um eine Entscheidung zu treffen:

- Hat Ihr Hund starke Schmerzen, die sich nicht bessern und selbst mit Schmerzmitteln nicht zu vermeiden sind?
- Kann Ihr Hund noch selbstständig fressen?
- Kann Ihr Hund noch selbstständig trinken?
- Kann Ihr Hund noch draußen koten und urinieren?
- Gibt es Zeiten, in denen Ihr Hund fröhlich ist und Spaß hat, auch wenn diese kurz sind? Spielt er noch, genießt er seine Streicheleinheiten, begleitet er Sie noch auf kurze Spaziergänge?
- Ist Ihr Hund körperlich stark eingeschränkt und bringt sich dadurch in missliche Lagen, aus denen er sich ohne Hilfe nicht mehr befreien kann? Kippt er z. B. um und kann danach nicht mehr aufstehen?
- Ist Ihr Hund häufig stark verwirrt oder desorientiert? Findet er sich im Alltag, in der Wohnung noch zurecht?
- Können Sie ihm Sicherheit geben, indem Sie für ihn da sind? Haben Sie die Zeit, ihn häufiger hinauszulassen und zu versorgen?
- Ist er an Ihnen, am gemeinsamen Leben noch interessiert oder lebt er nur noch „vor sich hin“, ohne Anteil am Leben zu nehmen?

VERTRAUEN SIE AUF SICH

Einen genauen Zeitpunkt kann auch ich Ihnen nicht nennen. Wann es wirklich so weit ist, einen Hund gehen zu lassen, lässt sich immer nur individuell beantworten. Und auch wenn Sie momentan noch sagen: „Ich wüsste gar nicht, wann es so weit ist …“ kann ich Ihnen versichern, dass die meisten Menschen sehr gut wissen, wann das Leben nur noch Leid für ihren Vierbeiner bedeutet. Sie leben intensiv mit Ihrem Hund zusammen, Sie kennen ihn am besten. Und Sie werden dann, wenn es so weit ist, auch wissen, dass der Zeitpunkt des Abschieds gekommen ist. Letztlich kann diese Entscheidung auch niemand für Sie übernehmen. Nicht ich, nicht Ihre Freunde, nicht einmal Ihr Tierarzt.

DEN LETZTEN WEG GEMEINSAM GEHEN

Haben Sie sich dazu entschieden, Ihren Hund gehen zu lassen, sollten Sie auch diesen Weg gemeinsam gehen. Bitte geben Sie Ihren Hund nicht einfach beim Tierarzt ab. Gehen Sie gemeinsam mit ihm zum Tierarzt, halten Sie ihn im Arm, wenn er die Narkosespritze bekommt und warten Sie, bis er eingeschlafen ist. Am besten vereinbaren Sie einen Zeitpunkt, an dem in der Praxis nicht viel los ist. Einige Hunde haben Angst vor dem Tierarzt und gehen daher schon nicht gern in die Praxis hinein. Bitten Sie in dem Fall Ihren Tierarzt, zu Ihnen nach Hause zu kommen. So kann Ihr Hund in seiner gewohnten Umgebung und ohne Stress von Ihnen gehen. Gern dürfen die engen Familienmitglieder, die Ihrem Hund wichtig waren, dabei sein. In der Regel sollten Sie jedoch kleine Kinder sowie andere Hunde erst dann vom Hund Abschied nehmen lassen, wenn der Hund bereits gegangen ist. Es besteht sonst die Gefahr, dass die Kinder bzw. die anderen Hunde das Einschläfern mit dem Tierarzt verbinden und negativ abspeichern.

Doch auch für erwachsene Menschen kann das Einschläfern des geliebten Hundes eine traumatische Erfahrung sein. Deshalb sollten Sie vorab mit Ihrem Tierarzt besprechen, was beim Einschläfern passiert.

BESTATTUNG DES HUNDES

Es gibt unterschiedliche Möglichkeiten, über die Sie sich vorab erkundigen sollten. Kommt der Tag, an dem Sie Ihren Hund gehen lassen müssen, muss eine Entscheidung schnell getroffen werden. Ihr Tierarzt hat oft nicht die Möglichkeit, Ihren Hund länger in der Praxis zu behalten, und auch bei Ihnen Zuhause wird dies kaum möglich sein.

IM EIGENEN GARTEN

Verfügen Sie über ein eigenes Haus mit Garten, können Sie Ihren Hund dort beerdigen. Allerdings ist es nicht immer erlaubt, Haustiere im eigenen Garten zu begraben. Befindet sich Ihr Garten z. B. in einem Wasserschutzgebiet oder aber in unmittelbarer Nähe (2 m) zu öffentlichen Wegen oder Plätzen, dürfen Sie den Hund nicht begraben. Auch wenn Ihr Hund aufgrund einer meldepflichtigen Erkrankung verstorben ist, ist das Begraben im Garten verboten. Erkundigen Sie sich daher am besten rechtzeitig bei der zuständigen Behörde Ihrer Stadt sowie beim Veterinäramt.

Wenn Sie sich für das Begraben im Garten entscheiden, bedenken Sie, dass Sie im Winter bei gefrorenem Boden kaum ein tiefes Loch graben können. Denn Ihr Hund sollte mindestens mit ca. 70 cm Erde bedeckt sein, damit er von Füchsen oder anderen Wildtieren nicht wieder ausgegraben

WICHTIG

Bestatten im Wald

Das Vergraben eines toten Hundes im Wald ist verboten, es wird als Ordnungswidrigkeit geahndet. Es ist jedoch erlaubt, die Asche Ihres Hundes zu verstreuen. So können Sie z. B. den Lieblingsplatz Ihres Hundes, an dem Sie mit ihm viele Stunden beim gemeinsamen Spaziergang oder Training verbracht haben, aufsuchen und sich dort für immer von ihm verabschieden.

Auf einem Tierfriedhof können Sie Ihrem vierbeinigen Freund die letzte Ruhestätte geben. Das Grab können Sie individuell gestalten, sogar Grabsteine sind möglich.

wird. Wählen Sie zudem eine Stelle, an der Sie, aber auch nachfolgende Besitzer, voraussichtlich keine Umgestaltung des Gartens vornehmen werden.

TIERFRIEDHOF

Mittlerweile gibt es viele Tierfriedhöfe, auf denen Sie Ihren Hund begraben können. Der Hund wird dabei entweder im Tuch oder sogar im Sarg begraben, Ihre Wünsche können dabei vollständig berücksichtigt werden. Auch die Gestaltung des Grabes können Sie ganz nach Ihren Wünschen vornehmen. Ob Sie sich lediglich für einige Blumen oder für einen entsprechend gestalteten Grabstein entscheiden, bleibt Ihnen überlassen. Natürlich können Sie auch nur die Asche Ihres Hundes dort begraben. Das deutlich kleinere Grab ist in der Regel dann auch mit deutlich geringeren Kosten verbunden.

EINÄSCHERUNG

Wenn Sie sich dazu entscheiden, Ihren Hund einäschern zu lassen, kann dies über eine Sammeleinäscherung erfolgen. Hierbei wird Ihr Hund mit weiteren Hunden gemeinsam eingeäschert. Die Asche der Hunde wird verstreut. Bei einer Einzeleinäscherung wird Ihr Hund allein eingeäschert, die Asche des Hundes wird auf Wunsch an Sie geschickt. Hierfür können Sie beim Bestatter eine Urne auswählen oder aber alternativ zu Hause die Asche in eine Urne umfüllen. Auch das Verstreuen der Asche am gemeinsamen Lieblingsplatz von Ihnen und Ihrem Hund ist natürlich möglich. Adressen von Tierbestattern erhalten Sie bei Ihrem Tierarzt, Sie können sich aber natürlich auch vor dem Tod des Hundes bei den Bestattern in Ihrer Umgebung erkundigen.

Wer sich für keine der genannten Methoden entscheiden will, kann den Tierarzt mit der Entsorgung des Tierkörpers beauftragen. Dieser wird den Hund dann entsprechend der gesetzlichen Bestimmungen der Tierkörperverwertung übergeben.

Wenn Sie Ihren Hund einäschern lassen, wird Ihnen die Asche des Hundes in einer Urne übergeben.

Labrador Retriever-Hündin Bella (12 Jahre) genießt die Streicheleinheiten von Martin. Vor allem alte Hunde brauchen diese Zeit der innigen Zuwendung ganz besonders.

Eine gemeinsame Bestattung von Mensch und Hund ist zurzeit noch nicht überall möglich, es gibt in Deutschland jedoch z. B. einen Friedhof in Essen sowie einen in Braubach, auf denen eine gemeinsame Urnenbestattung möglich ist.

Jeder muss individuell für sich entscheiden, welche Variante für ihn in Frage kommt. Für jeden Menschen sind andere Faktoren wichtig. Und entscheidend ist doch sowieso, dass wir unseren Freund immer weiter in unseren Herzen tragen. Die Erinnerung an ihn, an die gemeinsam verbrachte Zeit lebt in uns weiter. Und solange wir von ihm und unseren gemeinsamen Abenteuern erzählen, ist er unvergessen.

BÜROKRATIE

Jeder Mensch geht mit dem Tod eines geliebten Freundes anders um. Der eine erzählt jedem Freund oder Bekannten von den schönen Erlebnissen und lässt die gemeinsame Zeit noch lange aufleben. Der andere verdrängt den Tod des vierbeinigen Partners so gut wie möglich und erwähnt den Hund mit keiner Silbe mehr. Napf, Decke und Leine werden sofort weggeräumt, während sie bei anderen Menschen noch Wochen nach dem Tod des Hundes in der Wohnung stehen. Wichtig ist, dass man sich von niemandem vorschreiben lässt, wie man trauern muss und wie man den Tod des Vierbeiners am besten verarbeiten kann. Manche Menschen erstarren förmlich, gehen nicht mehr hinaus und ziehen sich ganz zurück, andere wiederum gehen sofort aktiv alles an, was anfällt oder schauen sich auch wieder nach einem neuen Hund um.

HAFTPFLICHTVERSICHERUNG

Zu welchem Typ man auch gehört, es gibt einige Dinge, die nach dem Tod des Hundes erledigt werden müssen. Die Haftpflichtversicherung, die jeder Halter für seinen Hund abgeschlossen haben sollte, muss gekündigt werden. Der Tod des Hundes gilt in der Regel als Sonderkündigungsrecht, die Versicherung endet mit dem Todestag des Vierbeiners bzw. mit dem darauffolgenden Monat. Viele Versicherungen sind dabei kulant und lassen die Kündigung auch dann wirksam werden, wenn Sie den Tod Ihres Tieres erst einige Tage später melden. Zu lange sollten Sie aber nicht damit warten. In der Regel reicht der Versicherung dazu eine Benachrichtigung per E-Mail oder Brief, eine Bestätigung des Tierarztes muss hierfür in der Regel nicht eingereicht werden. Verlangt die Versicherung hierüber einen Nachweis, kann man dies durch die Rechnung des Tierarztes belegen, wenn der Hund beim Tierarzt eingeschläfert wurde. Der Tierarzt kann in diesem Fall auch eine offizielle Bestätigung über den Tod des Hundes ausstellen. Verstirbt der Hund ohne Einschläferung zu Hause oder aber bei einem Unfall, muss man den Tierarzt um eine Bescheinigung bitten.

HUNDESTEUER

Auch beim Finanzamt und Ordnungsamt muss der Hund abgemeldet werden. Viele Ämter bieten hierzu bereits auf ihren Internetportalen die entsprechenden Formulare an, die dann nur noch ausgefüllt, unterschrieben und verschickt werden müssen. Natürlich können Sie zur Abmeldung auch persönlich ins Bürgerbüro gehen.

HAUSTIERZENTRALREGISTER

Hunde sollten in einem Haustierzentralregister, wie z. B. bei Tasso e. V., registriert sein. Hierzu gibt der Hundehalter die Daten des Hundes wie Geburtsdatum, Geschlecht, Rasse, Farbe und Name sowie die Transpondernummer an. Die Transpondernummer, auch Chipnummer genannt, ist eine 15-stellige Nummer, die auf dem Transponder (Chip) eines Tieres gespeichert ist. Diese Nummer kann mit einen Transponderlesegerät ausgelesen werden. Zudem werden die Daten des Halters gespeichert, also Name, Adresse und Telefonnummer. Geht ein Tier verloren und wird aufgefunden, kann mithilfe des Haustierregisters der Halter kontaktiert werden. Dies funktioniert aber nur, wenn Sie, in der Regel über das Internetangebot des Haustierregisters, regelmäßig Ihre Daten aktualisieren, also z. B. im Falle eines Umzugs auch Ihre neue Adresse und Telefonnummer, und eben auch den Tod des Hundes, mitteilen.

ZEIT FÜR EINEN NEUEN HUND?

Die meisten Menschen möchten nach dem Tod ihres Hundes wieder einem Vierbeiner ein Zuhause geben. Zwar sollte man die Suche nach einem neuen Hund keinesfalls überstürzen, denn der Hund muss wirklich zu Ihnen und Ihrem Leben passen. Lassen Sie sich also Zeit, gehen Sie die Suche ganz in Ruhe an und beziehen Sie u. U. einen Hundetrainer mit ein, der Sie auf der Suche und bei der Auswahl des neuen Hundes unterstützt. Auch wenn ich sehr gut nachvollziehen kann, dass es ohne Hund fast unerträglich scheint, sollten Sie sich nicht unter Druck setzen. Natürlich, der Hund fehlt überall ... Spaziergänge sind ohne Hund eigentlich gar nicht notwendig. Es gibt kein Trappeln der Pfoten mehr, wenn man zum Kühlschrank geht und abends kein beruhigendes leises Schnarchen, wenn der Hund im Körbchen neben dem Bett liegt. Dennoch, lassen Sie sich etwas Zeit.

Natürlich müssen Sie nicht erst ein Jahr verstreichen lassen, um „angemessen" getrauert zu haben. Wenn Sie einen Hund entdecken, der zu Ihnen passt und der Ihr Herz erobert hat, nehmen Sie ihn bei sich auf und freuen Sie sich auf die gemeinsame Zeit. Nicht mit dem Gedanken, dass der neue Hund nun Ihren alten, verstorbenen Hund ersetzen soll. Denn das wird er nicht tun. Er wird anders sein, er wird andere Interessen und Vorlieben haben und Sie werden mit ihm neue Dinge entdecken, eigene Lieblingsplätze finden und so ein ganz neues gemeinsames Leben aufbauen. Immer mit liebevollen Gedanken an das Leben zuvor mit Ihrem alten Hund. Ganz wichtig: Sehen Sie den neuen Hund nicht als Ersatz für Ihren verstorbenen. Vergleichen Sie die beiden Hunde und deren Handeln nicht ständig miteinander, indem Sie z. B. denken: „Hier hätte Harry jetzt so reagiert ..." Das wäre nicht fair ihm gegenüber, da er diese Ansprüche niemals erfüllen kann. Seien Sie also offen gegenüber dem neuen vierbeinigen Familienmitglied und seien Sie neugierig auf das zukünftige Leben mit ihm.

Sandra Steinkamp mit Clyde

Wenn es so etwas wie eine Seelenverwandtschaft zwischen Mensch und Hund gibt, dann beschreibt es genau das, was Clyde und mich miteinander verbindet. Clyde ist mein vierter eigener Hund, aber so eine besondere Beziehung hatte ich vorher zu keinem anderen Hund. Es gibt bei uns nicht DEN einen Moment oder DAS eine Erlebnis, das uns zusammengeschweißt hat. Wir hatten von Anfang an eine ganz eigene, besondere Verbindung.

Sandra und Clyde: Die innige Verbindung der beiden ist auch auf dem Foto gut zu erkennen.

Clyde (Ravenfly Artistic Ace) zog im Alter von 8 Wochen zu mir und meiner damals 6-jährigen Golden Retriever-Hündin Bonny ein. Die beiden waren ein Herz und eine Seele. Eine Freundin nannte ihn liebevoll den „Bonnyguard", weil beide Hunde oft Schulter an Schulter nebeneinanderher liefen und Clyde mit seinen gerade einmal 5 Monaten leichtfüßig und stolz trabend zu ihr aufschaute. Seine Erziehung gestaltete sich sehr einfach und unkompliziert. Das kannte ich von keinem meiner vorherigen Hunde. Clyde wuchs zu einem sportlichen, souveränen, ausgeglichenen und gesunden Rüden heran. Er hatte in seiner Jugend natürlich auch ein paar Flausen im Kopf, aber es gab niemals nennenswerte Probleme. Ich konnte sehr viel mit einem entspannten Lächeln wegstecken.

Seine größte Leidenschaft neben dem Apportieren war die Arbeit als Rettungshund in der Flächen- und Trümmersuche. Er überzeugte Jahr für Jahr mit vorzüglichen Leistungen und hat seine letzte Prüfung in der Flächensuche noch mit einem sehr guten Ergebnis im stolzen Alter von 12,5 Jahren bestanden.

Mit zunehmendem Alter veränderte sich auch das Zusammenleben im Alltag. Abgesehen davon, dass er anfing, mehr und tiefer zu schlafen als sonst, musste ich mich daran gewöhnen, dass seine Kondition und Nervenstärke nachließ. Die Sehkraft und das Hören wurden ebenfalls schwächer. Mit fast 12 Jahren erkannte er zumindest die kleineren Futterbrocken nicht mehr. Wenn man ihm diese zuwarf, prallten selbst Käsewürfel an ihm ab, weil er sie nicht mehr sehen konnte. Also war seine Strategie: Maul aufreißen, sobald der Mensch eine Wurfbewegung macht. Das wurde mir bewusst, als ich

Alte Hunde haben einen ganz besonderen Charme. Wenn sie, so wie Clyde, ihren Menschen ein Leben lang begleitet haben, entsteht oft eine ganz besondere Verbindung.

einmal nach dem Weg gefragt wurde. In dem Moment, in dem ich meinen Arm richtungsweisend angehoben hatte, hörte man Clydes Zähne aufeinanderschlagen. Er hatte sich vertan und gedacht, ich werfe ihm ein Leckerli zu. Er war aber auch generell in Sachen Fütterung sehr vergesslich geworden. Mehrmals täglich stand er in der Küche vor dem Napf und versuchte aufgeregt wedelnd, noch eine Portion zu bekommen. Zugegeben, ich konnte nicht immer widerstehen und so hatte er ab und zu auch Erfolg damit. Clyde liebte es, die Brötchentüte vom Bäcker nach Hause zu tragen. Je näher wir dem Haus kamen, desto schneller wurde er, denn das oberste Brötchen in der Tüte bekam er immer als Belohnung.

Im September 2018 verbrachten wir 5 wunderbare Tage am Strand in Holland. Am 6. Tag verweigerte Clyde plötzlich und unerwartet sein Futter. Viele Labrador-Besitzer wissen, dass das kein gutes Zeichen ist. Also bin ich direkt mit ihm zum Tierarzt gefahren. Doch dieser konnte nichts Lebensbedrohliches feststellen. Als ich 2 Tage später morgens aus dem Bad zurück ins Zimmer kam, schlief Clyde immer noch. Es kam in letzter Zeit öfter mal vor, dass ich ihn wecken musste ... alte Hunde haben manchmal einen wirklich tiefen Schlaf.

Doch dieses Mal war es anders. Beim Versuch, ihn wach zu streicheln, wurde mir schlagartig bewusst, dass er mich nie wieder ansehen würde. Clyde ist mit 13,5 Jahren über Nacht friedlich eingeschlafen, genau wie seine Mutter ein halbes Jahr zuvor. Selbst in der schlimmsten Zeit, nämlich der des Abschieds, hat er es mir sehr leicht gemacht und mir die Entscheidung, für immer zu gehen, abgenommen. Mein kleiner Bub, wir vermissen Dich.

3

Alltag mit grauen Schnauzen

Das Leben mit einem alten Hund kann so wunderbar sein. Doch es wird auch immer wieder Zeiten geben, in denen es sehr anstrengend ist.

Gerade dann, wenn der alte Hund seine Menschen schon ein Leben lang begleitet hat, besteht oftmals eine intensive Bindung. Man schaut auf seinen Hund und erinnert sich liebevoll an all die vielen gemeinsamen Erlebnisse. Man kennt die Macken seines Hundes, weiß um seine Probleme und wie man diese weitestgehend vermeiden kann. Man ist ein eingespieltes Team, das sich gegenseitig ohne Worte kennt und versteht.

Doch schränkt das Alter den Hund immer mehr ein, kann das gemeinsame Leben auch eine starke Belastung sein. Alte Hunde können nicht mehr so lange einhalten, ähnlich wie ein Welpe müssen sie häufig nach draußen. Kommen Krankheiten hinzu, bei denen Medikamente regelmäßig gegeben werden müssen, wird der Alltag noch weiter eingeschränkt, man ist immer mehr an die Versorgung seines Hundes gebunden. Erkrankt der Hund an Demenz, kommt oft hinzu, dass er nicht mehr allein bleiben kann und sich selbst in seiner gewohnten Umgebung nicht mehr zurechtfindet. Ihre Hilflosigkeit äußern alte Hunde dann häufig mit lautem und lang anhaltendem Gebell, das an den Nerven zerrt. Selbst vertraute Menschen werden oftmals nicht mehr erkannt, vertraute Situationen als unsicher eingeordnet, sodass es u. U. sogar zu aggressivem Verhalten gegenüber der eigenen Familie kommen kann. Das gemeinsame Leben kann schnell zur echten Belastungsprobe werden. Wer einen alten Hund aufnimmt, macht sich dies von vornherein klar. Die Alterswehwehchen des Hundes sind bekannt, mögliche Einschränkungen im Alltag und auch finanzielle Belastungen durch Medikamente

Auch wenn Carlino im Alltag oft eingeschränkt ist, genießt er sein Leben immer noch in vollen Zügen.

oder medizinische Behandlungen können ziemlich konkret eingeplant werden. Doch wer einen Hund als Welpen oder erwachsenen Hund aufnimmt, denkt erst einmal nicht daran, wie das Leben in einigen Jahren sein wird. 10 oder 15 Jahre, das scheint noch so weit hin, dass die meisten Menschen sich weder eine konkrete Planung vorstellen, noch sich überhaupt Gedanken darüber machen. Und irgendwie möchte man ja auch gar nicht daran denken, dass der geliebte Partner alt und krank sein könnte, denn das bedeutet ja automatisch auch, sich mit dem Gedanken vertraut zu machen, dass es dem Vierbeiner nicht gut geht bzw. die gemeinsame Zeit wirklich und tatsächlich endlich ist … Die meisten Menschen werden die Frage, ob sie sich ihr Leben vor 10 bis 15 Jahren so hätten vorstellen können, wie es heute gerade ist, verneinen. Niemand kann über einen so langen Zeitraum sicher planen. Ein beruflicher Wechsel, ein damit verbundener Umzug in einen anderen Lebensraum, ein anderes Haus, eine Trennung vom Partner, ein Unfall, der den Menschen in seinen Möglichkeiten einschränkt: Das Leben ist einfach nicht berechenbar! Dennoch sollte man immer wieder einmal darüber nachdenken, wie die Versorgung des alten und kranken Hundes zukünftig gewährleistet werden kann. Und das umso mehr, je älter der Hund wird. Doch um dies zu planen, muss man auch wissen, worauf man sich eigentlich einstellen muss. Klar, man muss für den alten Hund da sein, u. U. auch rund um die Uhr. Aber das Zusammenleben mit einem alten Hund weist viele weitere Besonderheiten auf, an die man im ersten Augenblick gar nicht denkt.

Einfach die gemeinsame Zeit genießen, das Leben entschleunigen, ohne Stress die Ruhe und den Alltag bewältigen, all dies sind die besonderen Momente mit einem alten Hund.

Das Leben entschleunigen

Alte Hunde gehen das Leben eher langsam an. Sie brauchen viel Ruhe und ziehen sich bei großem Trubel gern einmal zurück. Der alte Hund weiß genau, was er mag und was ihm unangenehm ist. Er hat viele Erfahrungen gesammelt und ruht in sich.

Das Zusammenleben mit einem alten Hund kann einem viel Lebensqualität geben, da man gezwungen ist, auch selbst einen Gang herunterzuschalten und das Leben in Ruhe zu genießen. Man kann das Leben entschleunigen und den Blick auf ganz andere Dinge als früher richten. Musste man in jungen Jahren den Hund auf jedem Spaziergang beschäftigen, damit dieser nicht den Kaninchen hinterher hetzte oder mit lautem Getöse auf andere Hunde zu rannte, kann man nun häufig einfach entspannt daherschlendern. Viele Probleme, die man früher mit seinem Hund hatte, lösen sich im Alter in Luft auf. Der Hund merkt, dass er nicht mehr so schnell ist. Er weiß, dass er das Kaninchen eh nicht bekommt. Und warum sollte er eine Verletzung riskieren, wenn er schon aus der Ferne erkennt, dass das Gegenüber deutlich jünger und fitter ist als er selbst? Da regt man sich lieber nicht auf, bleibt bei seinem Menschen und überlässt solche Aktionen den Jüngeren. Und Sie selbst können nun einfach die Natur genießen, müssen nicht jede einzelne Sekunde Ihren Hund im Blick behalten. Natürlich heißt das nicht, gar keinen Kontakt mit seinem Hund auf dem Spaziergang aufzunehmen. Auch der alte Hund freut sich über ein kleines Suchspiel. Und natürlich muss man auch den alten Hund im Auge behalten. Gern verpasst dieser sonst einmal den Anschluss, weil er ganz in einen spannenden Geruch vertieft war und gar nicht gehört hat, dass Sie bereits weitergegangen sind. Doch meist folgt der alte Hund seinem Menschen stets dicht auf den Fersen, er bleibt immer ganz in dessen Nähe, denn dies gibt ihm Sicherheit.

Auch alte Hunde wollen noch etwas erleben und aktiv sein. Doch Pause sollte immer eingeplant werden.

Regeln Sie Kontakte, indem Sie Ihren alten Hund vor heranstürmenden Hunden abschirmen. Alte Hunde sind nicht mehr so fit und können sich verletzen, wenn sie umgerannt werden.

BEGEGNUNGEN MIT HUNDEN

Auf dem Spaziergang sollten Sie gerade bei Begegnungen mit anderen Hunden Ihren Senior schützen. Der junge, stürmische Hund, der mit Vollspeed auf Ihren alten Hund zuläuft, darf diesen nicht ungebremst anrempeln. Das tut den alten Knochen nicht nur weh, Ihr alter Hund kann sich dabei wirklich schwer verletzen. Denn er kann der Attacke nicht so schnell ausweichen, kann aber auch nicht wirklich viel entgegensetzen. Je wackliger er auf den Beinen ist, desto eher fällt er bei einer solchen Aktion wortwörtlich um. Rufen Sie daher Ihren alten Hund zu sich, wenn Ihnen andere Menschen mit ihren Hunden entgegenkommen. Sprechen Sie die Halter der anderen Hunde an und bitten Sie diese, ihre Hunde ebenfalls zu sich zu rufen oder sogar anzuleinen. Besprechen Sie dann, ob ein Kontakt der Hunde möglich ist, ob der andere Hund also nicht zu stürmisch und rüpelig für Ihren Senior ist. Natürlich dürfen und sollen auch alte Hunde Kontakt zu Artgenossen haben. Doch damit Ihr alter Hund auch etwas davon hat, müssen Sie vorab klären, ob eine solche Begegnung Ihren Senior nicht etwa überfordert. Kommt Ihnen ein unangeleinter Hund entgegen, der stürmisch auf Ihren Hund zuläuft, stellen Sie sich deutlich vor diesen. Kurz bevor der andere Hund bei Ihnen angekommen ist, gehen Sie einen offensiven Schritt auf diesen zu und bremsen ihn damit aus. Halten Sie dabei Ihren alten Hund hinter sich. Sie sind sein Puffer, Sie müssen solche Situationen für ihn regeln und klären.

KLEINE RUNDEN UND VIEL SCHLAF

Da alte Hunde körperlich oft nicht mehr so fit sind, fallen die Spaziergänge kürzer aus als in früheren Zeiten. Dafür müssen sie aber manchmal auch häufiger nach draußen, um sich zu lösen. Nicht selten muss man mit dem alten Hund auch nachts nach draußen. Wer einen Garten hat, in dem der Hund sich lösen darf, ist hier natürlich im Vorteil!

Alte Hunde brauchen generell mehr Ruhe und Schlaf. Auch wenn sie eher häufiger nach draußen müssen, um sich zu lösen, schlafen sie in der restlichen Zeit oft mehr und dann auch tiefer als in jungen Jahren. Folgte der junge Hund Ihnen noch auf Schritt und Tritt, sobald Sie sich durch die Wohnung bewegten, sondiert der alte Hund genau, ob es sich überhaupt lohnt, aufzustehen. Er weiß längst, wann es Zeit zum Fressen ist, wo eine Kleinigkeit für ihn abfällt, und kann abschätzen, ob Sie nur zur Toilette gehen oder sich dem Kühlschrank nähern. Schläft der alte Hund tief und fest, reagiert er jedoch nicht einmal mehr auf das Öffnen der Kühlschranktür. Natürlich kann auch eine Verschlechterung der Hörleistung Ursache hierfür sein. Doch oftmals funktioniert das Gehör im wachen Zustand noch prima, und dennoch ist der Hund im Schlaf tief versunken. Hier müssen Sie und auch Ihre Kinder unbedingt aufpassen, wenn Sie den Hund wecken möchten. Dies sollte immer vorsichtig erfolgen, damit der alte Hund sich nicht erschreckt. Begeben Sie sich zum Körbchen Ihres Seniors, hocken Sie sich zu ihm und beginnen Sie ihn zu streicheln. Sprechen Sie ihn leise an und streicheln und kraulen Sie ihn so lange, bis Sie merken, dass er wach ist. Niemals sollten Sie einen alten Hund laut anherrschen.

Genießen Sie jeden Tag mit Ihrem Senior, aber nicht mit Bedauern und dem Gedanken daran, dass nicht mehr viel Zeit bleibt. Ihr Hund kann solche Gedanken nicht nachvollziehen. Er lebt im Hier und Jetzt, in jedem Moment an Ihrer Seite und freut sich über jede Sekunde, die er bei Ihnen verbringen darf. Lassen Sie diese letzten gemeinsamen Erlebnisse nicht durch Wehmut trüben. Füllen Sie vielmehr jeden Tag mit besonders intensiv erlebter Zeit, in der Sie auf die Bedürfnisse Ihres alten Hundes eingehen und das machen, was ihm besonders viel Spaß bereitet. Doch Vorsicht: Auch wenn man gerade bei einem alten Hund immer einmal fünfe gerade sein lassen kann, darf es nicht dazu kommen, dass Ihr Hund Sie manipuliert. Sie möchten ja auch weiterhin, dass Ihr Hund sich an Ihnen orientiert und Sie als souveränen Partner erlebt. Dies kann aber nur dann erfolgen, wenn Ihr Hund merkt, dass nach wie vor Regeln gelten und Sie sich ihm gegenüber konsequent verhalten.

Silke beschützt Kuzco vor dem heranstürmenden Hund und schickt ihn mit einer deutlichen Geste weg.

WICHTIG

Rücksichtnahme

Planen Sie Spaziergänge und Ausflüge immer so, dass Ihr alter Hund nicht an seine körperlichen Grenzen gehen muss. Denn er wird Ihnen folgen, bis er nicht mehr kann. Beobachten Sie ihn genau. Fängt er an zu hecheln, werden die Schritte kleiner, schleifen die Füße vielleicht sogar beim Laufen mit den Zehen über den Boden? Dann wird es Zeit für eine Pause. Planen Sie generell auf längeren Ausflügen ausreichend Pausen. Genießen Sie diese Zeit, setzen Sie sich auf die Parkbank am See und schauen Sie gemeinsam mit Ihrem Hund dem Treiben der Enten zu. Oder legen Sie sich im Sommer neben Ihren Senior ins Gras und lassen Sie sich von den Sonnenstrahlen wärmen.

Gewohnheiten beibehalten

Genauso wie wir, lieben auch alte Hunde ihre tägliche Routine. Wenn man weiß, was einen erwartet, kann man sich darauf einstellen und so Stress vermeiden. Alles Neue führt dagegen zu Aufregung. Der alte Hund kann neue Situationen nicht so schnell einschätzen wie in seiner Jugend. Er braucht länger, um auszuloten, ob er entspannt bleiben kann, ob es bei einer Begegnung vielleicht zu Ärger oder Unannehmlichkeiten kommt oder eine Situation etwas Gutes verheißt. Natürlich gibt es hierbei auch individuelle Unterschiede. Dabei spielt zum einen die Fitness des Seniors eine Rolle. Je eingeschränkter ein Hund in seiner Bewegung ist, desto schwieriger fällt es ihm, sich auf neue Situationen einzustellen. Aber auch die geistigen Möglichkeiten sind natürlich entscheidend, genauso wie der Charakter eines Hundes. So gibt es Hunde, die von Natur aus neugierig sind und schon als junger Hund offen für neue Erfahrungen waren. Noch ein neues Spiel, noch eine neue Beschäftigungsform – wunderbar, wieder etwas um sich auszuprobieren. Andere dagegen bevorzugen schon früh immer die gleichen Abläufe, liegen am liebsten immer auf dem gleichen Liegeplatz und sind 2 Wochen lang gestresst, wenn sich der Tagesablauf verändert, da die Familie Urlaub hat ...

Wenn möglich, sollten Sie Ihrem alten Hund daher ein regelmäßiges Leben bieten mit möglichst gleichen Abläufen, sodass er sich an diesen orientieren kann. Je variabler Ihr Leben ist, desto wichtiger ist es, Ihren Hund von klein auf daran zu gewöhnen, dass es keine absolut festen Rituale gibt, damit er auch im Alter keine große Erwartungshaltung daran hat. Aber selbst dann sollte es so viele feste Eckpunkte wie möglich im Leben Ihres alten Hundes geben.

GEWOHNTE UMGEBUNG

Auch wenn Sie also gerade voller kreativer Ideen sind, wie Sie Haus und Garten endlich nach 10 Jahren einmal umgestalten können, lassen Sie bitte die wichtigen Plätze Ihres Hundes an Ort und Stelle. Liegt Ihr Hund also seit Jahren neben Ihrer Couch im Wohnzimmer, sollten Sie dies beim Kauf einer neuen Couch berücksichtigen. Auch wenn die größere Couch mehr Liegefläche und Entspannung für Sie bedeuten würde, darf sie nicht so groß sein, dass dadurch kein Platz mehr für das Körbchen Ihres Hundes ist und dieser dann auf die andere Seite des Zimmers umziehen muss. Hat Ihr Hund seit Jahren auf der Decke neben Ihrem Bett die Nacht verbracht, ist es unfair, ihn nun auf einmal auszuquartieren, nur weil er im Alter öfter schnarcht. Auch Futter- und Wassernapf sollten am bisherigen Platz bleiben und nicht ständig woanders stehen. Dies gilt insbesondere natürlich für die Wasserschüssel, die Ihr Hund ja immer selbstständig bei Durst aufsuchen soll. Kommt noch altersbedingte Demenz hinzu, findet Ihr Senior sonst unter Umständen den Wassernapf nicht wieder.

Vor allem dann, wenn Seh- und Hörsinn Ihres Seniors eingeschränkt sind, müssen Sie natürlich noch viel mehr darauf achten, dass er sich in Ihrer Wohnung noch zurechtfindet. Denn dort soll er sich sicher und entspannt fühlen und nicht ständig befürchten müssen, irgendwo dagegenzulaufen und sich zu stoßen.

REGELMÄSSIGER TAGESABLAUF

Nicht nur die Umgebung sollte sich nicht mehr groß verändern, auch der Tagesablauf sollte möglichst regelmäßig sein. Natürlich heißt das nicht, dass Sie am Wochenende nicht auch mal eine Stunde länger schlafen können. Aber machen Sie sich trotzdem darauf gefasst, dass Ihr Senior wie jeden Morgen unter der Woche um 6 Uhr bereits durch die Wohnung tapert. Vielleicht muss er auch, denn so lange kann er oft nicht mehr einhalten. Mit ein wenig Glück können Sie aber nach einer kurzen Löserunde bzw. nachdem Sie ihn einmal kurz in den Garten gelassen haben, noch ein paar gemütliche Stunden im Bett verbringen. Gibt es keine Probleme intern, also in Bezug darauf, dass Ihr Hund Ihnen den Liegeplatz streitig macht, darf er gern auch mit zu Ihnen ins Bett. Vermutlich wird er es sich dann zu Ihren Füßen bequem machen und sich noch einmal gemütlich in die weiche Bettdecke einkuscheln.

Alte Hunde brauchen Sicherheit. Die Wohnungseinrichtung sollte daher nicht ständig umgestellt werden, vor allem in Bezug auf den Liegeplatz des Hundes.

Alte Hunde brauchen regelmäßige Fütterungszeiten. Nehmen Sie bei einer Einladung das Futter lieber mit und füttern Sie Ihren alten Hund zur gewohnten Zeit, um Stress zu vermeiden.

FÜTTERUNGSZEITEN

Wenn Sie von Anfang an darauf achten, Ihren Hund nicht immer punktgenau zur gleichen Zeit zu füttern, können Sie auch im Alter ein wenig Abwechslung mit einbauen. Ob Ihr Hund dann also um 7 oder 8 Uhr sein Frühstück bekommt und abends um 18 oder 19 Uhr gefüttert wird, spielt keine so große Rolle. Vermeiden sollten Sie aber große Abweichungen, da sonst auch die gesamte Verdauung Ihres Seniors durcheinanderkommen kann. Bekommt er normalerweise gegen 18 Uhr sein Futter und kann sich dann noch einmal gegen 22 Uhr lösen, kann es problematisch sein, wenn er durch eine Abendeinladung erst gegen 22 Uhr gefüttert wird. Denn gegen 2 Uhr nachts werden Sie vermutlich tief und fest schlafen und gar nicht mitbekommen, dass Ihr Hund nach draußen muss. In seiner Not löst sich Ihr Senior dann in der Wohnung, und Sie müssen am nächsten Morgen erst einmal alles putzen. Am besten nehmen Sie ihn einfach mit, legen ihm sein Körbchen in eine ruhige Ecke und füttern ihn zu seiner gewohnten Zeit bei Ihren Bekannten.

Zu viel Trubel sollte allerdings nicht vorherrschen. Dies gilt sowohl für Einladungen, auf die Sie Ihren Senior mitnehmen, als auch für Partys und Feiern zu Hause. Zu viel Hektik, zu viele fremde Menschen, all das kann großen Stress für einen alten Hund bedeuten. Schaffen Sie in diesem Fall immer einen Rückzugsort für Ihren Hund, an dem er auch wirklich seine Ruhe hat und nicht ständig von den Gästen gestört wird.

ALLEIN ZU HAUSE

Natürlich kann man den Hund auch allein zu Hause lassen, wenn eine große Einladung ansteht. Hat Ihr Hund gelernt, für einige Stunden entspannt allein zu Hause zu bleiben, wird dies auch im Alter in der Regel noch klappen. Manchmal jedoch sind alte Hunde durch die Abwesenheit ihrer Menschen so verunsichert, dass sie beginnen, ausdauernd zu bellen. Und das ist nicht nur nervig für die Nachbarn, sondern bedeutet auch großen Stress für Ihren Senior. In der Regel handelt es sich dabei um Trennungsangst, der Hund fühlt sich in seinem Zuhause allein unsicher. Hilfreich kann daher einfach die Anwesenheit einer dem Hund zumindest etwas vertrauten Person, wie z. B. eines Nachbarn, Bekannten oder Freundes sein. Leben mehrere Personen im Haushalt, können Sie sich so organisieren, dass immer einer den alten Hund zu Hause betreut.

BEGLEITUNG ZUR ARBEIT

Vielleicht darf Ihr Senior Sie ja auch an Ihren Arbeitsplatz begleiten? Fragen kostet in jedem Fall nichts! Und wenn Ihr Chef nach einem Probetag feststellt, dass er von Ihrem Hund sowieso nicht wirklich etwas mitbekommen hat, weil dieser glücklich darüber, Sie begleiten zu dürfen, gemütlich auf seiner Decke in der Ecke hinter Ihrem Schreibtisch lag, darf er bestimmt öfter einmal mitkommen. Natürlich muss dies immer gut vorab abgesprochen sein. Nicht nur der Chef, auch alle Kollegen müssen einverstanden sein, sonst ist Ärger vorprogrammiert. Hat ein Kollege Angst vor Hunden, erklären Sie ihm, dass Ihr Hund immer auf seiner Decke hinter Ihnen liegt und dort an der Heizung oder einem großen Schrank angeleint ist. Alternativ können Sie auch eine Box für Ihren Hund mitbringen. So hat Ihr Hund eine Höhle, in die er sich zurückziehen und den Arbeitstag verschlafen kann. Ihr Kollege jedoch fühlt sich sicher, da der Hund in der Box ist und keinen direkten Kontakt zu ihm aufnehmen kann, wenn er in Ihr Büro kommt.

Auf keinen Fall dürfen Sie sich über Ihren Senior ärgern, wenn er auf einmal nicht mehr allein bleiben kann. Er macht das nicht, um Sie zu ärgern und Ihnen den Abend zu vermiesen. Denken Sie daran zurück, wie es war, als Ihr Senior als Welpe zu Ihnen eingezogen ist. Da war es für Sie selbstverständlich, dass Sie ihn in den ersten Wochen keine Minute aus den Augen gelassen haben. Das Alleinbleiben mussten Sie erst einmal aufbauen, und so war anfangs immer jemand da, der auf den Welpen aufgepasst hat, oder Sie haben sich so organisiert, dass Ihr Welpe Sie bei Ihren Aktivitäten begleiten konnte. Niemand würde sich darüber aufregen, dass ein Welpe noch keine vier bis sechs Stunden allein bleiben kann. Sehen Sie das Alter nun genauso als eine Entwicklungsstufe an wie die Welpenzeit. Ihr Senior braucht wieder genauso viel Aufmerksamkeit wie damals als Welpe und Junghund. Und auch wenn viele Dinge im Erwachsenenalter problemlos funktionierten, im Alter sieht vieles einfach anders aus. Haben Sie daher Verständnis für Ihren Hund und gestalten Sie das Alter für ihn möglichst entspannt und stressfrei. Ihr Hund gibt in dieser Zeit vor, was noch möglich ist und was nicht.

Begleitet Bella Andrea ins Büro, liegt sie glücklich auf ihrer Decke hinter dem Schreibtisch.

SPAZIERGÄNGE GESTALTEN

Nicht nur die Länge des Spaziergangs bestimmt Ihr Senior, auch die Strecke muss auf die Bedürfnisse des alten Hundes angepasst werden. Sind Sie früher gemeinsam mit ihm durch Feld und Wald gestromert, über Baumstämme gesprungen und den unwegsamsten Felsen hinaufgeklettert, sollte die Strecke für den alten Hund möglichst wenige Hindernisse beinhalten. Dabei müssen Sie die körperlichen Möglichkeiten Ihres Hundes berücksichtigen. Eine Klettertour mit steilem Anstieg und felsigem Untergrund scheidet für die meisten alten Hunde aus.

Doch selbst eine Bordsteinkante kann schon zur Stolperfalle werden und der Sturz Ihren Hund verunsichern oder im unglücklichen Fall sogar zu einer ernsthaften Verletzung führen. Wählen Sie daher ebene Wege und halten Sie die Beschaffenheit des Bodens für Ihren Hund im Blick. Warnen Sie ihn rechtzeitig vor einer Unebenheit oder Stufe, indem Sie ihn ansprechen und neben oder hinter sich laufen lassen. Sie können eine Stufe auch durch das Signal „Stufe" oder indem Sie diese mit einem Stock oder Ihrem Fuß antippen, ankündigen (siehe S. 43).

Alternativ kann Ihr Hund auch ein Geschirr tragen, mit dem Sie ihn unterstützen können, wenn er unsicher wird oder eine Treppe nicht ohne Ihre Hilfe bewältigen kann. Nutzen Sie dazu ein Geschirr, das Ihrem Hund möglichst viel Bewegungsfreiheit lässt, ihn aber gleichzeitig auch sicher umschließt. Norwegergeschirre, die einen Riemen vor der Brust haben, sind hierfür eher nicht geeignet. Im Idealfall befindet sich oben auf dem Rückenteil des Geschirrs ein Griff, sodass Sie im Notfall schnell zugreifen können.

BEKANNTE WEGE GEBEN SICHERHEIT

Spaziergänge in bekannter Umgebung helfen Ihrem alten Hund, sich auch noch allein zurechtzufinden. Auf der alltäglichen Spazierrunde weiß er genau, wann eine Stufe kommt, wann es bergab oder bergauf geht. Er kann entspannt laufen und den Ausflug genießen, ohne sich stark auf die Bewältigung des Weges konzentrieren zu müssen. Hier kennt er sich

Vor allem in fremder Umgebung sichern Sie Ihren Senior besser durch eine Leine. Eine Rollleine kann bei alten Hunden sinnvoll sein.

aus, hier kann er auch problemlos ohne Leine laufen. In fremder Umgebung jedoch sollten Sie Ihren Senior sicherheitshalber an die Leine nehmen. Da es weniger darum geht, ihn vom Jagen abzuhalten, sondern vielmehr darum, ihm einen ständigen Kontakt zu bieten und damit möglichst viel Freiheit trotz Leine zu ermöglichen, können Sie alte Hunde auch gut mit einer Rollleine führen. Da alte Hunde nur selten dynamisch quer über den Weg laufen und damit u. U. Radfahrer gefährden, da diese die dünne Rollleine nicht rechtzeitig sehen, ist sie eine gute Alternative zur Schleppleine. Diese kann für den alten Hund u. U. bereits zu schwer sein, wenn er sie am Boden hinter sich herziehen muss. Der Vorteil der Rollleine ist zudem, dass sie – aufgrund der Spannung – ständigen Kontakt zum Senior herstellt, sodass er immer weiß, dass Sie in seiner Nähe sind und auch, wo Sie sich befinden. Denn oftmals passiert es, dass Ihr alter Vierbeiner völlig in einen spannenden Geruch vertieft ist, diesen gründlich abschnuppert und dabei gar nicht mitbekommt, dass Sie längst weitergegangen sind.

URLAUB

Der Urlaub ist für die meisten Menschen eine Zeit, in der sie nicht nur entspannen, sondern auch Neues erleben wollen. Man besucht fremde Länder, bucht Urlaub im Hotel oder im Ferienhaus und ist viel unterwegs. All das kann mit einem alten Hund durchaus sehr schwierig werden. Sorgen Sie daher vor, indem Sie sich genau über die Gegebenheiten vor Ort erkundigen. Wenn Ihr Senior vor lauter Stress nachts auf einmal rausmuss, kann es anstrengend werden, wenn Sie dazu erst einmal noch durch lange Hotelflure mit ausgelegtem Teppichboden laufen müssen, auf den Aufzug warten oder den Senior mehrere Stockwerke die Treppen hinuntertragen müssen. Achten Sie bei Spaziergängen noch mehr auf Ihren Hund bzw. sichern Sie ihn immer über die Leine. Wenn er sich hier verläuft, wird er keinesfalls wieder zurückfinden. Nach einem vermissten Hund im Urlaub zu suchen, ist keinesfalls die Entspannung, die Sie sich vorgestellt hatten. Und wenn dann auch noch die Abreise kurz bevorsteht, kommt schnell bei allen Panik auf.

Ausflüge müssen so geplant werden, dass diese auch der alte Hund bewältigen kann. Ihn alleine im unbekannten Hotelzimmer zu lassen, ist in der Regel keine gute Idee. Damit er sich zumindest etwas heimisch fühlt, sollten Sie jedoch seine Liegedecke mitnehmen und an einem Platz nahe bei Ihnen auslegen. Nehmen Sie unbedingt auch das gewohnte Futter mit, damit er sich zu all der Aufregung nicht auch noch auf ein anderes Futter einstellen muss. Denn dann ist Durchfall fast schon vorprogrammiert.

Im Idealfall waren Sie bereits zuvor in Ihrem geplanten Urlaubsdomizil, sodass Sie einschätzen können, ob der Aufenthalt mit Ihrem Senior problemlos funktionieren wird. Sie wissen, welche Bedürfnisse er hat und wie sein Tagesablauf am besten aussehen muss, damit alle die gemeinsame freie Zeit auch wirklich genießen können.

PENSION ODER HUNDESITTER

Alternativ können Sie Ihren Senior natürlich auch in dieser Zeit betreuen lassen. Die Unterbringung in einer Hundepension kommt nur dann infrage, wenn er diese schon aus den Jahren zuvor kennt und keine Probleme damit hat. Er sollte aber auch hier die Möglichkeit haben, sich allein zurückziehen zu können. Die Gruppe sollte nicht zu groß sein, sehr viele junge Hunde, die den alten Hund ständig herausfordern, und sei es nur zum Spiel, können unendlichen Stress für ihn bedeuten. Ein Hundesitter, der zu Ihnen ins Haus kommt und den Hund in seiner bekannten Umgebung betreut, ist oftmals die beste Alternative. Allerdings sollten Sie auch bedenken, dass Ihnen und Ihrem Vierbeiner eh nur noch eine begrenzte Zeit bleibt. Wollen Sie ihn da wirklich ausgerechnet dann, wenn Sie freihaben, wenn Sie sich so richtig Zeit für ihn nehmen können, zu Hause zurücklassen? Ihr Hund würde sich in jedem Fall immer dafür entscheiden, mit Ihnen zu kommen!

Im Alter sind oft Dinge erlaubt, die in jungen Jahren noch verboten waren. Gibt es keine Probleme zwischen Mensch und Hund, darf es sich der Senior gern auf dem Sofa bequem machen.

BESONDERE AUFMERKSAMKEIT

Auch wenn Ihr alter Hund Sie manchmal viele Nerven kostet, weil er vielleicht inkontinent ist oder öfter bellt und Sie im Alltag nicht mehr überallhin begleiten kann, sodass Sie Ihre Aktivitäten nach ihm ausrichten müssen, sollten Sie immer daran denken, dass seine Lebenszeit und damit Ihre gemeinsame Zeit begrenzt ist. Erinnern Sie sich an alles, was Sie gemeinsam erlebt haben, denken Sie an die Zeiten, als Sie stolz auf ihn waren, Prüfungen bestanden, Berge bezwungen oder einfach nur weitere Schritte im Training erfolgreich absolviert haben. Jetzt ist die Zeit gekommen, in der Sie für Ihren Hund da sein müssen und in der Ihr Hund den Rahmen und die Möglichkeiten vorgibt.

VERWÖHNEN IST ERLAUBT

Aber das Zusammenleben mit einem alten Hund bedeutet nicht nur Einschränkungen. Sie und Ihr Hund kennen sich genau, Sie sind ein eingespieltes Team. Anstrengendes Training, wie es vielleicht in jungen Jahren noch notwendig war, braucht es in der Regel nicht mehr. Auch im Alltag kann man das Zusammenleben häufig etwas entspannter angehen. Mussten Sie beim jungen Hund absolut konsequent sein, dürfen Sie Ihrem alten Hund nun auch durchaus einmal etwas durchgehen lassen. Das bedeutet natürlich nicht, dass alte Hunde keine Regeln brauchen. Auch sie müssen wissen, was gilt, damit sie sich sicher fühlen und sich am Menschen orientieren können. Aber wenn es doch einmal einen Keks gibt, weil der Hund so nett guckt und seinen Kopf aufs Knie legt, dann wissen beide, Mensch als auch Hund, dass Betteln deshalb nicht immer gleich erfolgreich ist.

Sie dürfen Ihren Senior also gern richtig verwöhnen: Ein besonders weicher Liegeplatz oder der bisher verwehrte Platz auf dem Sofa, ein besonders gutes Leckerli zur Belohnung oder selbst gekochtes Futter, alles das ist gern erlaubt.

Nutzen Sie also dieses entspannte Zusammenleben, indem Sie sich jeden Tag Zeit für Ihren

Hund nehmen. Zeit, die Sie bewusst und an seine Bedürfnisse angepasst verbringen. Ob es sich dabei um eine Stunde Kuschelzeit mit Massageeinheit handelt oder Sie eine halbe Stunde über die Felder laufen, ohne Ziel bzw. den Plan, möglichst weit zu kommen, sondern einfach angepasst an das Tempo Ihres Hundes, entscheidet Ihr Senior.

Bleiben Sie auf dem Spaziergang immer wieder einmal stehen, damit er Zeit hat, ausgiebig zu schnüffeln. Machen Sie eine Pause, setzen Sie sich auf die Bank, genießen Sie den Sonnenuntergang und betrachten Sie die Natur, während Ihr Senior erst ein wenig die Gegend erkundet und sich dann entspannt neben Ihnen niederlässt.

Lebt der Senior-Hund bei einem älteren Menschen, passt der Lebensrhythmus beider oft gut zusammen.

WICHTIG

Abgabe ist nicht fair!

Kein alter Hund hat es verdient, weggegeben zu werden, wenn er nicht mehr ins Leben passt. Sicherlich, die Versorgung eines alten Hundes kann für den Menschen sehr anstrengend und einschränkend sein. Doch für fast jedes Problem gibt es eine Lösung, man muss nur intensiv und in allen Richtungen danach suchen. So ist vielleicht Ihr Nachbar bereit, mittags mit Ihrem Senior einen kleinen Spaziergang zu machen oder ihn eine halbe Stunde in den Garten zu lassen. Auch eine Tagesbetreuung kann oftmals helfen. Fragen Sie in jedem Fall in Ihrem Bekanntenkreis nach, ob jemand Ideen für eine Lösung zur Betreuung Ihres Seniors hat. Oftmals ergibt sich etwas, womit Sie nie gerechnet hätten. Und schließlich ist es ja immer noch Ihr Hund, der Sie sein Leben lang begleitet hat, der Ihnen vertraut und sich an Ihnen orientiert. Ihn nun ins Tierheim zu geben, nur weil er beim aktiven Lebensstil der Menschen nicht mehr mithalten kann, ist unfair. Das hat kein alter Hund verdient!

GESTATTEN SIE NÄHE

Auch wenn der alte Hund nicht mehr aktiv durch Feld und Wald läuft, sondern immer in Ihrer Nähe bleibt, braucht er dennoch den Auslauf und die Anregung durch neue Gerüche, die er erschnüffeln kann. Alte Hunde schließen sich meist enger an den Menschen an. Sie laufen in seiner Nähe, selten vor dem Menschen, sondern neben oder hinter ihm. Das sichert dem alten Hund in der Natur das Überleben, denn er braucht den Schutz der anderen.

Seien Sie daher nicht genervt, wenn Ihr Senior Sie überall, auch in der Wohnung, auf Schritt und Tritt verfolgt. Manchmal funktioniert nicht einmal mehr das Signal „Bleib", weil er dann bereits Verlassensangst bekommt. Verzichten Sie dann auf das Training dieser Grundsignale, denn viel wichtiger ist doch das Gefühl der Sicherheit für Ihren alten Hund. Nehmen Sie ihn daher mit, wo immer es geht. Solange er eine Decke direkt neben Ihnen hat, wird er zufrieden sein. Denn letztlich ist das enge Folgen ein Zeichen des Vertrauens: Ihr Hund fühlt sich bei Ihnen sicher und geborgen.

Susanne von Strünk mit Ida

Ida ist eine Terrier-Mischlingshündin vom Tierschutzverein La Palma (Kanaren) und kam im zarten Alter von 4 Monaten zu uns. Vorher lebte sie schon einige Wochen in einem kinderreichen Haushalt. Sie wurde als Spielzeug angeschafft und kam nie zur Ruhe. Das Ergebnis: Bis heute mag sie Kinder nicht wirklich. Viele Jahre lang konnte ich meinen Hund nicht verstehen: Sie hatte als Hobby das Jagen für sich entdeckt, zog an der Leine und war nicht nur mit Kindern, sondern auch mit anderen Hunden unverträglich. Dann kam

Susanne und Ida sind mittlerweile ein eingespieltes Team, in dem sich jeder auf den anderen verlassen kann.

Ida liebt auch im Alter noch viele Beschäftigungsformen. Doch auch sie lässt es mittlerweile durchaus etwas ruhiger angehen und legt immer wieder einmal eine Pause ein.

ich zu DOGS von Martin Rütter. Ab diesem Zeitpunkt änderte sich unser Leben und wurde entspannter, da ich endlich lernte, dass mein Hund Hilfe und Unterstützung brauchte anstatt Strafe und Schimpfen. Wir wuchsen immer mehr als Team zusammen und hatten endlich gemeinsam Spaß im Alltag. Auf Grundlage dieser neuen Beziehung bekam sie noch im Alter von 7 Jahren einen richtigen Job. Sie wurde als Spürhund ausgebildet und gegen den eingeschleppten Schädling „Asiatischer Laubholzbockkäfer" eingesetzt. Bei der Suche nach dem Käfer kam sie voll auf ihre Kosten, konnte ihrem Jagdtrieb nachgehen und blendete dabei andere Reize aus, welche ihr im Alltag ab und zu Probleme machten. So hat sie sich z. B. bei einem Sucheinsatz an Bäumen auf einem Bonner Schulhof inmitten spielender und schreiender Schüler voll auf ihre Arbeit konzentriert, die Kinder waren ihr vollkommen egal. Diese und viele andere Erlebnisse mit dem einst schwierigen Hund haben uns beide zu einem gut arbeitenden Team werden lassen. Dann kam aber irgendwann die Phase, in der ihre Knochen nicht mehr mitgemacht haben und wir uns von den Einsätzen zurückziehen mussten. Ida lief nun nur noch spielerisch bei den Einsätzen mit und machte die „Qualitätskontrolle", wenn bei Verdacht auf einen Käferbefall nur noch eine letzte Absicherung benötigt wurde. Denn auch wenn ihre Knochen nicht mehr bei allen Aktivitäten mitmachten, funktionierte ihre Nase immer noch hervorragend und sie zeigte nach wie vor befallene Bäume zuverlässig an!

Nun im Alter von 14 Jahren ist das alte Mädchen natürlich viel ruhiger und gelassener geworden. Aber auch etwas schrulliger. Die Sinne lassen langsam nach und die Gelenke machen Probleme. An guten Tagen startet sie noch mal mit einem Sprint durch, merkt dann aber ziemlich schnell, dass die Knochen nicht mehr mitmachen. Keks-Suchspiele, Clickertraining für die mentale Fitness und leichtes Apportieren machen ihr aber immer noch richtig viel Spaß. Wären die Altersbeschwerden nicht, hätte man einen jungen Quatschkopf vor sich.

Ida braucht nun im Alter ihren geregelten Tagesablauf. Viel Schlaf, gutes Futter und vor allen Dingen ausgiebiges Kuscheln stehen bei ihr hoch im Kurs. Wir genießen sehr unsere gemeinsame Zeit, denn die Momente werden kostbarer, je älter sie wird.

Nützliche Hilfen im Alltag

Damit ein alter Hund im Alltag gut zurechtkommt, gibt es viele Möglichkeiten, ihm das Leben zu erleichtern. Schauen Sie sich dazu einmal in Ihrer Wohnung um und beobachten Sie Ihren Hund. Wann ist er ganz entspannt, wann zeigt er Anzeichen von Stress, indem er viel hechelt oder sogar zittert. Wo braucht er Ihre Hilfe, um den Alltag zu bewältigen? Was fällt ihm schwer, wo kann er aufgrund seiner körperlichen Möglichkeiten den Alltag nicht mehr bewältigen?

Ein rutschfester Teppich erleichtert die Fortbewegung in der Wohnung.

GLATTE BÖDEN

Alte Hunde sind in der Regel körperlich nicht mehr so fit. Sie sind nicht mehr so aktiv und können nicht mehr so schnell reagieren. Die Gelenke sind steif, der Hund ist nicht mehr so beweglich wie früher. So kann es sein, dass er auf einmal ständig wegrutscht, weil er sich auf dem glatten Boden nicht mehr halten kann. Fliesen sind dabei häufig angenehmer für Hunde als glatter Laminatboden. Legen Sie den Boden mit Teppichen aus, achten Sie aber darauf, dass der Hund nicht mit dem gesamten Teppich durch das Wohnzimmer schlittert. Fixieren Sie den Teppich mit einer Gummiunterlage, sodass Ihr Vierbeiner sich nicht verletzen kann. Denn selbst eine eigentlich harmlose Muskelzerrung braucht im Alter länger, um vollständig zu heilen.

Teppiche sollten möglichst fest sein und keine Schlingen haben, in denen die Hundekrallen hängen bleiben. Da Ihr alter Hund seine Füße oftmals nicht mehr so hoch hebt bzw. heben kann, passiert dies nämlich häufiger und er gerät ins Stolpern oder reißt sich dabei sogar eine Kralle ab.

Kaufen Sie am besten einfache und günstige Teppiche, denn zu der körperlichen Beeinträchtigung kann irgendwann auch eine Stubenunreinheit hinzukommen. Und dann ärgern Sie sich umso mehr, je teurer der Teppich war. Hunde urinieren nämlich ungern auf glatten, festen Böden, die man leichter säubern könnte. Sie wählen lieber weichen, saugfähigen Untergrund, auf dem der Urin schnell versickert.

Eine Matte aus viscoelastischem Material passt sich dem Körper des Hundes optimal an und eignet sich daher gut als Liegeplatz für Ihren Senior.

EIN BEQUEMER LIEGEPLATZ

Die meisten alten Hunde haben es gern bequem. Ein hartes Körbchen aus Plastik ist nicht wirklich geeignet für die alten Knochen. Am besten wählen Sie ein Körbchen oder eine Matte, die aus einem viscoelastischen Material besteht. Dieser ist zum einen sehr weich, zum anderen passt er sich genau an den Körper des Hundes an, ohne dabei seine Form zu verlieren. Dadurch drücken sich Schulter und Hüfte nicht bis zum Boden durch, sondern es erfolgt eine Druckentlastung. Gleichzeitig passt sich die Matte aber auch an die Körperform des Hundes an. Liegt der Hund seitlich ausgestreckt auf der Matte, ist die Wirbelsäule gerade und wird damit ebenfalls entlastet. Sicher sind diese Matten um einiges teurer als einfache Schaumstoffmatten, aber sie sind ihr Geld in jedem Fall wert. Gerade bei Knochen- und Gelenkskrankheiten wie Arthrose und Spondylose bedeuten sie für Ihren Hund eine große Erleichterung. Verzichten Sie auch besser auf Körbchen mit hohem Einstieg, bei denen Ihr Hund regelrecht ins Körbchen hineinklettern muss. Der alte Hund kann sich oftmals nicht mehr langsam ablegen, sondern fällt regelrecht auf seinen Liegeplatz. Auch enge, runde Körbchen sind im Alter weniger gut geeignet. Viele alte Hunde liegen am liebsten seitlich ausgestreckt, vor allem dann, wenn die Wirbelsäule Probleme bereitet. In dem Fall kann sogar eine einfache Matte ohne Rand am besten geeignet sein. Sie können ihm immer noch ein Kissen dazulegen, auf das er bei Bedarf seinen Kopf ablegen kann oder eine Kuscheldecke, aus der er sich ein gemütliches „Nest" bauen und sich tief hineinkuscheln kann.

Einige alte Hunde lieben es sogar, ganz unter der Decke zu liegen, wie in einer warmen, gemütlichen Höhle. Sie beherrschen es perfekt, die im Körbchen liegende Decke an einer Ecke zu packen und über sich zu ziehen. Natürlich können Sie

Ihren Hund auch zudecken, indem Sie die Decke leicht über ihn legen. Die Decke muss aber so liegen, dass Ihr Hund sie ganz einfach wieder wegschieben kann, wenn es ihm doch zu warm wird.

DARF DER HUND AUFS SOFA?

Viele Hunde lieben es im Alter, zu Herrchen und Frauchen auf die Couch zu kommen und mit ihnen gemeinsam unter der Sofadecke zu kuscheln. Ich kenne einige Hunde, die wirklich komplett unter der Decke verschwinden und dort stundenlang liegen bleiben und die Wärme und das Gefühl der Verbundenheit mit ihrem Menschen genießen. Solange es keine anderweitigen Probleme mit Ihrem Hund gibt, solange er Sie also z. B. nicht anknurrt, wenn Sie sich zu ihm aufs Sofa setzen wollen, darf Ihr alter Hund gern diesen Extra-Komfort genießen! Je älter der Hund wird, desto schwerer fällt es ihm jedoch, überhaupt auf das Sofa zu gelangen. Soll Ihr Hund eh nur auf das Sofa, wenn Sie ihm dies erlauben bzw. Sie ihn zu sich rufen, können Sie ihn einfach hochheben oder ihm beim Sprung unterstützen, indem Sie ihn unter dem Po mit der Hand auf das Sofa hochschieben. Achten Sie beim Hochheben aber bitte darauf, dass Sie Ihrem Hund hierbei keine Schmerzen zufügen. Nehmen Sie ihn mit einer Hand unter der Brust und mit der anderen Hand unter dem Bauch, sodass Sie die Gelenke nicht belasten. Bedeutet das Hochheben zu viel Stress bzw. löst es Schmerzen aus, oder soll sich Ihr Hund auch wenn er allein ist, aufs Sofa legen können, besteht die Möglichkeit, eine Aufstiegshilfe zu bauen. Ein Hocker in halber Höhe, der direkt vor dem Sofa steht, kann dabei schon ausreichend sein. Achten Sie aber darauf, dass der Hocker stabil und groß genug für Ihren Hund ist und nicht weg-

Kleine Hunde, wie Beagle-Hündin Holly, können auch im Alter oft noch problemlos auf das Sofa springen, um es sich dort gemütlich zu machen.

rutschen kann. Alternativ können Sie auch eine kleine Treppe aus drei bis vier Stufen bauen, die Sie vor das Sofa stellen. Auch hierbei ist Sicherheit oberstes Gebot. Achten Sie darauf, dass die Stufen trittsicher, also mit rutschfestem Belag versehen sind und die Treppe nicht wegrutschen kann, sondern am Sofa oder im Boden befestigt ist. Solche Treppen sind im Handel übrigens auch als Zubehör für einen Welpenspielplatz erhältlich.

Ist Ihr Hund irgendwann so alt, dass er gar nicht mehr aufs Sofa gelangen und aufgrund seiner Größe auch nicht mehr hinaufgehoben werden kann, schaffen Sie einen Liegeplatz auf dem Boden möglichst nahe am Sofa. Im Idealfall brauchen Sie nur den Arm ausstrecken, um ihm ein paar Kuscheleinheiten zu geben. Denn diese sind auch für alte Hunde sehr wichtig. Legen Sie sich daher auch immer wieder einmal nach unten auf den Boden zu Ihrem Hund, damit dieser die intensive Nähe zu Ihnen weiterhin genießen kann.

MEHRERE LIEGEPLÄTZE

Die meisten alten Hunde wollen einfach immer bei ihren Menschen sein. Schaffen Sie daher ruhig in allen Räumen, in denen Sie sich länger aufhalten, einen Liegeplatz. Ein Körbchen im Wohnzimmer und eines im Schlafzimmer ist für die meisten Hunde sowieso vorhanden. Für Ihren alten Hund können Sie nun aber gern auch im Esszimmer oder Arbeitszimmer noch einen weiteren Platz einrichten. Ob ein Liegeplatz in einem weiteren Raum notwendig ist, erkennen Sie daran, dass Ihr Senior Ihnen folgt, er aufgrund der mangelnden bequemen Liegemöglichkeit aber im Raum umherwandert oder einfach lange Zeit im Raum stehen bleibt.

Doch natürlich braucht auch bzw. gerade ein alter Hund auch einen ruhigen Rückzugsort abseits vom Geschehen. Dies gilt insbesondere dann, wenn aufgrund einer großen Familie häufig viel Trubel herrscht. Wenn Ihr Senior viele Liegestellen zur Auswahl hat, kann er sich eh dorthin zurückziehen, wo es gerade ruhiger ist. Lassen Sie dies dann in jedem Fall zu und rufen Sie ihn nicht extra zu sich. Achten Sie zudem darauf, dass sich die Liegestelle in einem ruhigen Bereich befindet, also nicht im Flur oder direkt neben der Tür, sondern eher im hinteren Bereich, in einer Ecke, neben dem Sofa.

SCHLAFPLATZ BEI NACHT

Auch im Schlafzimmer sollte es einen bequemen Liegeplatz für Ihren Senior geben. Natürlich darf er gern auch bei Ihnen im Bett schlafen, wenn das für Sie selbst angenehm ist und es keine anderweitigen Probleme gibt, Ihr Hund Sie also z. B. nicht anknurrt, wenn Sie sich selbst ins Bett legen wollen oder aber ihn ein wenig zur Seite schieben. Problematisch wird es dann, wenn Ihr Schlafzimmer sich im oberen Hausbereich befindet, wie es häufig der Fall ist. Kann Ihr Hund die Treppe nach oben nicht mehr bewältigen und ist er so groß, dass Sie ihn weder tragen noch mit einem Geschirr unterstützen können, muss er unten im Erdgeschoss die Nacht verbringen. Gerade dann, wenn er sein Leben lang die Nacht gemeinsam mit Ihnen im Schlafzimmer verbracht hat, wird es für ihn mit viel Stress verbunden sein, wenn er nun auf einmal ganz allein schlafen soll. Denn die Anwesenheit seines Menschen gibt ihm Sicherheit und lässt ihn ruhig schlafen. Hinzu kommt, dass der Mensch sich aus Sicht des Hundes in den oberen, sicheren Bereich zurückzieht, der Hund nun aber allein in dem Bereich bleiben muss, in dem sich die Haustür befindet und wo potenzielle Eindringlinge hereinkommen könnten. Und die Aufgabe des Wächters ist nun mit Sicherheit keine Aufgabe für die Senioren in einer sozialen Gemeinschaft. Überlegen Sie daher, ob Sie für die letzte Zeit Ihres Seniors nicht gemeinsam mit ihm nach unten ziehen können. Vielleicht gibt es ein Gästezimmer, in dem Sie übergangsweise schlafen können, oder eine Schlafcouch, die nun zu Ihrem Bett umfunktioniert werden kann. Gerade dann, wenn Ihr Hund die ganze Nacht herumläuft, wenn er ausdauernd jammert oder ständig bellt, um Sie zu rufen oder aber weil er draußen Geräusche gehört hat, sollten Sie selbst auch Ihren Schlafplatz ins untere Geschoss des Hauses verlegen.

TREPPEN WERDEN ZUM HINDERNIS

Treppen sind für viele alte Hunde ein fast unüberwindbares Hindernis. Doch wenn Herrchen oder Frauchen auf einmal entschwinden, dann wollen sie hinterher. Und schon stiefeln sie die Treppe hinauf, merken dann nach wenigen Stufen aber auf einmal, dass sie es nicht schaffen. Doch was nun? Der Versuch, sich auf der Treppe zu drehen, um wieder hinunterzugehen, scheitert meist, da der Hund sich nicht mehr so biegen und seine Füße auf den schmalen Stufen nicht mehr so genau setzen kann. Und schon passiert es, der Hund verliert den Halt und rutscht die Treppe wieder herunter. Meist geht es noch glimpflich aus, da er nur ein paar Stufen hinaufgelaufen war. Viel schlimmer ist es, wenn der Senior dem Menschen abwärts folgt, also die Treppe mit hinunterläuft. Kann er sein Gewicht auf einmal nicht mehr halten oder die Füße nicht mehr richtig auf die schmalen Stufen setzen, fällt er die gesamte Treppe herunter. Schnell kann es so zu ernsthaften Verletzungen kommen, denn der alte Hund kann sich selten so wie ein junger Hund auffangen. Ein Kindergitter bzw. Treppengitter hilft hier, zu verhindern, dass der Senior die Treppe selbstständig hinauf- bzw. hinunterläuft.

Ein Kindergitter vor der Treppe kann den Senior, genauso wie früher den Welpen, vor Unfällen schützen.

TRAGEN

Ist der Hund irgendwann so alt, dass er die Treppe gar nicht mehr eigenständig überwinden kann, muss der Mensch ihm dabei helfen. Kleine Hunde kann man einfach auf den Arm nehmen und die Treppe hinauf- bzw. hinuntertragen. Natürlich ist es wichtig, dass der Hund Vertrauen zum Menschen hat, wenn dieser ihn auf den Arm nimmt. Üben Sie das Tragen des Hundes daher schon frühzeitig, damit Ihr Senior daran gewöhnt ist. Viele Hunde lassen sich im Alter jedoch nicht mehr gern tragen oder hochheben. Dies liegt meist daran, dass sie Schmerzen im Rücken oder in den Gelenken haben. Da sie gelernt haben, dass das Hochheben Schmerzen verursacht, zeigen sie dies dann an, indem sie Anzeichen von Schmerzen wie Hecheln oder Aufschreien zeigen, oder aber sogar steif werden und den Menschen anknurren. Achten Sie daher besonders darauf, ob Ihr Hund Zeichen von Unwohlsein zeigt, wenn Sie ihn hochheben. Heben Sie ihn so hoch, dass es ihm möglichst wenig Schmerzen verursacht, indem Sie die Gelenke bzw. die Wirbelsäule wenig belasten bzw. verbiegen. Sollte das Hochheben gar nicht möglich sein, suchen Sie nach Alternativen für Ihren Senior zum Überwinden von Treppen. Kleinen Hunden können Sie z. B. beibringen, in einen Korb hineinzuklettern. So können Sie den Hund mithilfe des Korbs einfach nach oben oder unten transportieren.

RAMPEN

Größere Hunde ab etwa 20 Kilogramm können die meisten Menschen nicht mehr die Treppe hoch- bzw. hinuntertragen. Bei kurzen Treppen kann eine Rampe Abhilfe schaffen. Dazu legen Sie einfach ein stabiles Holzbrett auf die Treppe. Das Brett muss

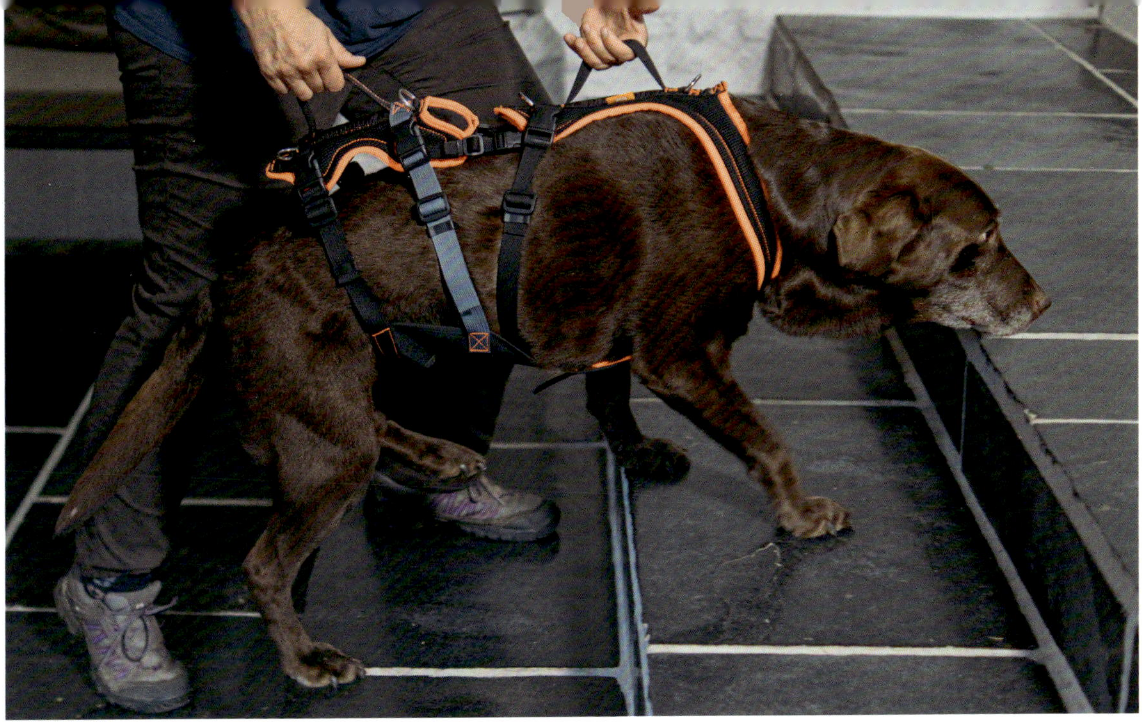

Bella hat aufgrund ihrer schweren Hüftgelenksdysplasie Probleme, Treppen hinauf zu laufen. Durch das Tragegeschirr kann Andrea sie hier optimal unterstützen.

so dick sein, dass es sich durch das Gewicht des Hundes nicht durchbiegt. Zudem sollte das Brett mit einem Gummibelag versehen werden, damit der Hund auf dem glatten Holz nicht wegrutscht. Aber auch das gesamte Brett darf natürlich nicht ins Rutschen kommen, sodass Sie es am besten fest im Boden verschrauben.

TRAGEGESCHIRR

Bei längeren Treppen können Sie Ihren Hund mit einem speziellen Tragegeschirr unterstützen. Diese Geschirre sind länger und gehen damit weiter unter den Bauch als normale Geschirre. Auf dem Rückenteil gibt es einen oder sogar zwei Griffe, mit denen Sie Ihren Hund entlasten können, während dieser neben Ihnen die Treppe hinauf- oder hinunterläuft. Alternativ kann hier auch ein Handtuch helfen, das Sie zur Unterstützung unter den Bauch des Hundes schlingen. Auf Dauer bzw. bei zu großen oder schweren Hunden ist diese Variante jedoch eher schwierig umzusetzen.

Letztlich gilt aber auch hier wieder, möglichst vorausschauend zu planen. Bei der Auswahl des Hundes sollten Sie daher auch diesen Aspekt bereits berücksichtigen. Schafft man sich einen großen und damit schweren Hund an, wohnt aber in einem Haus mit mehreren Etagen und vielen Treppen, sind die Probleme vorprogrammiert. Der Hund muss nicht nur zum Menschen, dessen Interessen und Vorlieben, sämtlichen Familienmitgliedern wie auch bereits vorhandenen Hunden, sondern auch zum Wohnumfeld passen.

WICHTIG

Garten und Hof

Nicht nur im Haus kann es Probleme in Bezug auf Treppen geben, auch im Garten und Hofbereich sollten Sie einmal überprüfen, ob es hier gefährliche Stellen für Ihren Senior gibt. Dazu gehören dann im Übrigen nicht nur Außentreppen, sondern z. B. auch Kellerschächte, die abgesichert werden sollten. Solche Löcher nimmt der Senior häufig nicht mehr richtig bzw. rechtzeitig wahr, er kann meist auch nicht mehr kurzfristig abbremsen.

AUTORAMPE FÜR EIN- UND AUSSTIEG

Auch der Transport im Auto kann für den alten Hund schwierig werden. Achten Sie in jedem Fall darauf, dass der Senior ausreichend Platz in der Box oder auf der Rückbank hat, sodass er sich der Länge nach ausstrecken kann, um entspannt liegen zu können. Beobachten Sie Ihren Senior genau. Legt er sich hin und bleibt ruhig liegen, selbst wenn Sie kurvenreiche Strecken fahren, oder steht er auf bzw. legt sich gar nicht erst hin, sondern bleibt die ganze Fahrt über hechelnd vor Stress stehen? Versuchen Sie dann, den Liegeplatz besser auszupolstern, indem Sie eine weiche Decke hineinlegen. Auch hier bieten sich alternativ Liegeplätze aus viscoelastischem Schaum an.

Doch oftmals kommt der Senior gar nicht mehr ins Auto hinein. Kleine Hunde können Sie nun natürlich wieder hochheben und ins Auto hineinsetzen. Auch hierbei gilt wieder zu beachten, dass der Hund an das Hochheben gewöhnt ist und es ihm keine Schmerzen bereitet.

Zu Beginn lernt der Hund, über die am Boden liegende Rampe zu laufen, bevor diese dann mit einem Ende ein wenig erhöht auf einer Stufe aufgelegt wird.

EINSTIEG ÜBER EINE RAMPE

Große Hunde können lernen, über eine Rampe ins Auto einzusteigen. Die Rampe muss dabei stabil und auf das Gewicht des Hundes ausgerichtet sein, damit sie sich nicht durchbiegt. Zudem muss sie mit einem rutschfesten Belag versehen sein. Mittlerweile sind einige solcher Rampen im Handel erhältlich. Diese sind in der Regel klappbar oder können zusammengeschoben werden, sodass man sie einfach im Auto, z. B. hinter dem Rücksitz, transportieren kann. Rampen aus Holz sind dabei schwerer, Rampen aus Aluminium dagegen deutlich leichter und wetterunempfindlicher, aber auch teurer.

Probieren Sie zudem aus, ob die ausgewählte Rampe gut zu Ihrem Auto passt. Je höher der Kofferraum ist, desto steiler wird die Rampe, und damit umso schwieriger für Ihren Senior zu überwinden. Gegebenenfalls brauchen Sie also eine längere, aber damit gleichzeitig auch eine stabilere Rampe. Prüfen Sie auch, ob es in Ihrem Kofferraum eine hohe Kante gibt, die für Ihren Senior schnell zu einer Stolperfalle werden kann. Füllen Sie in dem Fall den Boden auf (z. B. mit einer festen Schaumstoffmatte, die man auf Maß anfertigen lassen kann).

LAUFEN ÜBER DIE RAMPE

Ist Ihr Hund bisher immer in den Kofferraum gesprungen, muss er nun den Weg über die Rampe lernen. Die meisten Hunde müssen dazu erst einmal lernen, gerade über ein schmales Brett zu laufen, also ohne danebenzutreten. Für alte Hunde, die ihre Füße oft nicht mehr so gezielt aufsetzen können, gilt dies erst recht.

1. Führen Sie Ihren Hund zunächst über die am Boden liegende Rampe, sodass er den ungewohnten Belag kennenlernt und merkt, dass er darauf achten muss, wohin er seine Pfoten setzt. Bauen Sie die Rampe von Anfang an positiv auf, indem Sie anfangs Futter auf der gesamten Rampe auslegen, sodass Ihr Hund der Futterspur über die Rampe folgen kann.
2. Im nächsten Schritt können Sie Ihren Hund mit einem Futterstück in der Hand über die Rampe führen. Achtung: Einige Hunde haben dann nur noch das Futter in der Nase, sodass sie gar nicht mehr darauf achten, wohin sie treten. Führen Sie in dem Fall Ihren Hund ohne Futter in der Hand über die Rampe und geben Sie ihm das Futter erst nach dem Bewältigen zur Belohnung.
3. Legen Sie nun die Rampe an einem Ende auf einem kleinen Stein auf, sodass sich eine kleine Schräglage ergibt. Tritt Ihr Senior nun doch noch einmal daneben, ist es nicht schlimm, denn er fällt ja nicht tief. Üben Sie dabei sowohl das Hinauf- als auch das Hinunterlaufen. Sie können Ihrem alten Hund beim Bewältigen der Rampe auch helfen, indem Sie ihn mithilfe eines Tragegeschirrs unterstützen (siehe S. 91).
4. Ein nächster Schritt kann nun sein, dass Sie die Rampe auf ein Podest oder einen kleinen Tisch anlegen. Achten Sie hierbei aber bitte darauf, dass die Rampe nicht wegrutschen kann. Sie können Ihren Hund jetzt die Rampe hoch auf den Tisch führen. Dort kann er entspannen und Sie können ihn loben und belohnen. Nach einer kurzen Pause führen Sie Ihren Hund dann wieder die Rampe hinunter. Gerade für Hunde, die Probleme damit haben, in die enge Box im Auto einzusteigen, kann dieser Zwischenschritt sehr hilfreich sein, bevor Sie die Rampe für das Einsteigen ins Auto nutzen.

Nachdem Bella gelernt hat, ruhig und entspannt über die schräg liegende Rampe zu laufen, führt Iris sie mit Hilfe der Rampe ins Auto hinein und wieder hinaus.

Bleibt Ihr Hund entspannt im Anhänger sitzen, können Sie die erste Tour mit dem Fahrrad unternehmen.

HUNDEANHÄNGER FÜR RADTOUREN

Alte Hunde sind oft nicht mehr so fit, dass sie ihre Menschen auf längeren Touren oder Radausflügen begleiten können. Vor allem für kleine bis mittelgroße Hunde eignet sich für Ausflüge mit dem Fahrrad ein Hundeanhänger, der hinten an das Fahrrad angehängt wird. Natürlich muss der Senior aber erst einmal an den Anhänger gewöhnt werden. Kennt Ihr Hund bereits eine Box, ist die Gewöhnung an den Anhänger oft gar kein Problem.

GEWÖHNUNG AN DEN ANHÄNGER

1. Schrauben Sie die Räder des Anhängers ab und stellen sie ihn als Box in der Wohnung auf. Erst einmal steht der Anhänger dann nur dort, gemütlich ausgelegt mit einer Decke. Wenn Ihr Hund sich dafür interessiert oder sogar auch schon hineinlegt, ist das prima, aber er darf ihn auch einfach ignorieren.
2. Ist der Anhänger nach einigen Tagen gewohnter Bestandteil der Wohnung, werfen Sie einige Futterstücke in Richtung des Anhängers, und dann immer weiter in den Anhänger hinein.
3. Im nächsten Schritt wird Ihr Hund im Anhänger gefüttert, er soll nun immer länger darin verweilen. Daher können Sie ihm dort nun auch einen Kauartikel geben. Will Ihr Hund mit dem Kauartikel aus dem Anhänger wieder heraus, nehmen Sie ihm diesen kommentarlos ab. Erst im Anhänger erhält er ihn wieder. Sie können sich auch einfach vor den Anhänger setzen, sodass der Ausgang versperrt ist.
4. Kaut Ihr Hund entspannt, schließen Sie die Tür, öffnen diese aber direkt danach wieder.
5. Im nächsten Schritt bleibt die Tür immer länger geschlossen, später auch, wenn Ihr Hund den Kauartikel bereits aufgefressen hat.

Nun muss Ihr Hund noch an die Bewegung des Anhängers gewöhnt werden.

1. Dazu befestigen Sie die Räder am Anhänger, fixieren diese aber noch mit einer Bremse oder alternativ mit Steinen. Ihr Hund muss nun lernen, etwas höher in den Anhänger hineinzuspringen bzw. hineingehoben zu werden und das leichte Schaukeln des auf Rädern stehenden Anhängers auszuhalten.
2. Liegt Ihr Hund auch hier entspannt, beginnen Sie, Ihren Hund mit dem Anhänger ein Stück zu ziehen, aber noch ohne Fahrrad.
3. Erst wenn Ihr Hund sich entspannt von Ihnen ziehen lässt, wird der Anhänger am Fahrrad befestigt, Ihr Hund ist bereit für seine erste Tour.

HUNDEBUGGY

Auf langen Wanderungen kann der Senior auch im Fahrradanhänger oder im Bollerwagen vom Menschen gezogen bzw. im Hundebuggy geschoben werden. Wichtig ist dabei aber immer, den Hund gut zu sichern, vor allem dann, wenn der Anhänger offen ist. Nachteil dieser Art des Transports ist jedoch, dass unwegsames Gelände damit nicht erkundet werden kann, man braucht relativ breite Wege. In gebirgigem Gelände ist zudem viel Kraft notwendig.

Ida hat gelernt, ganz ruhig in der Transportkarre zu sitzen und Susanne so auf langen Spaziergängen zu begleiten. Sicherheitshalber ist sie aber immer angeleint.

Kleine Hunde kann man gut im Hunderucksack auf langen Wanderungen mitnehmen.

TRAGETASCHEN FÜR KLEINE HUNDE

Für kleine Hunde sind Tragetaschen oder Rucksäcke ideal. Der Hund wird dabei entweder auf dem Rücken oder vor dem Bauch des Menschen in einer Tasche transportiert. Ist die Tasche offen, muss der Hund hier auch mit Geschirr und einem Gurt gesichert sein. Denn gerade alte Hunde könnten sich sonst schwer verletzen, wenn sie aus einer Höhe von gut 1,50 m nach unten springen würden. Gewöhnen Sie Ihren Hund in kleinen Schritten an den Rucksack.

1. Lassen Sie Ihren Hund den Rucksack erst einmal beschnüffeln.
2. Setzen Sie ihn dann kurz hinein und belohnen Sie ruhiges Warten mit Futter oder indem Sie Ihren Hund an der Futtertube lecken lassen. Der Rucksack steht dabei noch auf dem Boden.
3. Erst wenn Ihr Hund für eine längere Zeit ruhig im Rucksack sitzt, heben Sie ihn einmal kurz hoch.
4. Im nächsten Schritt tragen Sie ihn dann eine kurze Strecke, bevor er Sie dann auch auf längeren Ausflügen begleiten darf.

Leben mit mehreren Hunden

Ein Rudel (bzw. eine Gruppe von Hunden, denn die wenigsten Menschen leben ja mit einem gewachsenen Rudel, also mit einander verwandten Hunden) unterschiedlichen Alters ist eine wundervolle Bereicherung für Mensch und Hund. Die Haltung von Hunden im gleichen Alter kann jedoch durchaus sehr anstrengend werden, da die Hunde oftmals die gleichen Interessen und Ideen haben. Gemeinsam den Garten umbuddeln oder dem Kaninchen hinterherjagen macht direkt doppelt so viel Spaß. Doch zwei Hunde hinter dem jagenden Kaninchen abzurufen oder vom Buddeln abzuhalten, ist für den Menschen oftmals mehr als doppelt so schwer.

Das Zusammenleben mit mehreren Hunden kann für Mensch und Hund eine große Bereicherung sein. Der Mensch ist dabei dafür zuständig, die Kontakte der Hunde untereinander zu regeln.

DER ZWEITHUND

Nimmt man zu einem etwa 5-jährigen Hund einen Welpen, kann dieser bei der Erziehung des Kleinen helfen. Zumindest ist er gutes Vorbild, da er hoffentlich bereits sämtliche Signale beherrscht und sich an die vorgegebenen Regeln im Alltag hält. Werden die beiden dann älter, kann etwa 5 Jahre später erneut ein Welpe einziehen. Der mittlere Hund kann nun wieder bei der Erziehung des Welpen behilflich sein, wohingegen der ältere, jetzt etwa 10-jährige Hund, seine Ruhe hat und das Alter genießen kann.

Holt man dagegen zu einem älteren Hund einen Welpen dazu, ohne dass ein weiterer Hund im mittleren Alter vorhanden ist, kann der Welpe für den alten Hund zu einer großen Belastung werden. Denn natürlich möchte der Knirps mit seinem hündischen Kumpel spielen, möchte aktiv sein und sich ausprobieren. Dem alten Hund tun aber vielleicht die Gelenke weh, er kann gar nicht mehr so aktiv sein. Hüpft der Welpe auf ihm herum, hat er vielleicht dadurch Schmerzen, möchte den Welpen jedoch nicht ernsthaft korrigieren. Viele Halter beschreiben dann, dass der alte Hund noch einmal einen „zweiten Frühling" erlebt, wieder sehr aktiv wird, gerade so, als wäre er wieder einige Jahre jünger. Dies sollte aber vielmehr ein Zeichen dafür sein, die Kommunikation der Hunde sehr gut zu beobachten, denn oftmals wird der alte Hund im Grunde genommen zu einer Aktivität gezwungen, die er von sich aus gar nicht mehr zeigen würde. Beobachten Sie Ihren Senior also genau. Zeigt er Anzeichen von Stress, hechelt er oder beginnt er zu gähnen, oder versucht er sogar, den Welpen zu maßregeln, indem er knurrt, wird dabei jedoch vom Welpen nicht ernst genommen, müssen Sie eingreifen. Der Welpe muss lernen, dass Oma oder Opa nicht geärgert werden dürfen. Nehmen Sie den Welpen in dem Fall weg oder schicken Sie ihn auf seinen Liegeplatz, wenn er das schon beherrscht, sodass Ihr Senior seine Ruhe hat. Denn auch der alte Hund hat Rechte, und Sie sind verantwortlich dafür, dass alle Familienmitglieder ein entspanntes Leben führen können.

Alte Hunde fühlen sich vom Kontakt zu einem Welpen oft überfordert und zeigen dies durch Knurren an.

Der Mensch muss nun eingreifen und den alten Hund unterstützen, indem er den Welpen wegnimmt.

Der Welpe muss lernen, auf seinem Platz liegen zu bleiben, wenn der Senior seine Ruhe braucht.

KORREKTUR DES ALTHUNDES

Häufig werden die Korrekturen des alten Hundes vom Welpen nicht ernst genommen, da der Welpe genau erkennt, dass der alte Hund nicht mehr so fit und wendig ist. Zudem sind viele alte Hunde sehr gutmütig zu Welpen, und es braucht lange, bis sie wirklich ernsthaft korrigieren. Erfolgt dann eine Korrektur, fällt sie meist sehr hart aus, sodass es sogar zu einer Verletzung des Welpen kommen kann. Und dann ist nicht nur der Welpe verletzt oder sogar traumatisiert, sondern die ganze Familie geschockt und verärgert über den alten Hund. Damit es gar nicht erst zu einem solchen Drama kommt, greifen Sie vorher ein.

Vielleicht sollten Sie aber auch einfach noch mit der Anschaffung eines Welpen warten. Denn es entsteht ja nicht nur Stress für den Senior, auch der Welpe wird irgendwann frustriert sein, wenn jede Kontaktaufnahme durch den alten Hund abgelehnt wird.

ERWACHSENER HUND UND SENIOR

Wer auf die Idee kommt, anstatt eines Welpen einen erwachsenen Hund zu seinem älteren Hund zu holen, muss ebenfalls aufpassen. Zwar wird man hier nicht mehr die Probleme haben, dass der junge Hund ständig aktiv sein will und Oma oder Opa nervt, doch muss man aufpassen, dass es jetzt nicht zu ernsthaften Streitigkeiten kommt. Denn der alte Hund, der schon lange in der Familie lebt, kann auf seine bestehenden Rechte pochen. Der neu hinzugezogene Hund dagegen nimmt den anderen Hund als Senior wahr und beansprucht damit ihm wichtige Dinge für sich. Die Auswahl des passenden Hundes ist daher bei einer solchen Kombination noch wichtiger als bei der Auswahl des Welpen, der zum Althund einzieht. Vorteil ist jedoch, dass der neue Hund ausgewachsen ist und in Bezug auf sein Wesen, seinen Charakter und seine Vorlieben getestet werden kann. Zudem kann man z. B. mit einem Tierschutzverein eine Probezeit vereinbaren und so testen, ob die beiden Hunde wirklich zueinander passen.

RANGWECHSEL

Leben Ihre Hunde entspannt und harmonisch miteinander, wird es vermutlich irgendwann zu einem „Rangwechsel“ kommen. Der jüngere Hund übernimmt wichtige Aufgaben, der ältere Hund zieht sich immer mehr zurück. Dies zu beobachten, fällt vielen Menschen schwer, denn sie möchten, dass der geliebte alte Hund weiterhin die Nummer 1 bleibt. Unter Hunden ist dies aber nicht normal und kann sogar zu Stress und ernsthaften Streitigkeiten führen. Wird der alte Hund weiterhin immer bevorzugt, kann das dazu führen, dass der junge Hund den alten korrigiert. Natürlich muss es nicht immer zu Streitigkeiten kommen, gerade bei Hündinnen wird die ältere Hündin oftmals bis zum Lebensende respektiert, wenn ein Mutter-Tochter-Verhältnis zwischen den beiden besteht. Auch bei einem gemischten Pärchen wird der alte Hund oft intensiv vom Partner gepflegt und umsorgt. Es gibt wirklich nichts Schöneres als einen alten Hund, der voll in das gemischte Rudel integriert ist.

Beobachten Sie daher Ihre Hunde genau und unterstützen Sie einen Wechsel, indem Sie die für Ihren jungen Hund wichtigen Aufgaben nun auch diesem überlassen. Gerade dann, wenn Ihr junger Hund gern mit Ihnen trainiert, beginnen Sie das Training zunächst mit ihm. Erst danach bekommt auch der alte Hund seine Trainingseinheit. Schließen Sie das Ende des Trainings noch einmal mit einer kurzen Aufgabe für den jungen Hund ab, damit dieser sich wirklich ernst genommen fühlt.

Doch bitte schieben Sie Ihren alten Hund nicht aufs Abstellgleis. Nur weil wieder ein jüngerer Hund bei Ihnen wohnt, dürfen Sie nicht vergessen, dass auch Ihr Senior noch Bedürfnisse hat. Planen Sie separate Spaziergänge mit ihm, in denen es nur darum geht, dass Ihr Senior Zeit mit Ihnen verbringen darf: Ein wenig entlang des Weges schnüffeln, zwischendurch eine kleine Suche nach Futter und danach eine kurze Pause zum Entspannen für Mensch und Hund.

In einem gewachsenen Rudel aus Oma, Mutter und Tochter bestehen oftmals sehr tiefe, innige Beziehungen unter den Hunden.

GEMEINSAM IM RUDEL UNTERWEGS

Bei Spaziergängen mit allen, müssen Sie darauf achten, dass Ihr Senior noch mithalten kann. Die Geschwindigkeit richtet sich daher immer nach dem langsamsten Hund! Natürlich werden Ihre jungen Hunde von einer kurzen Runde von 20 Minuten nicht ausgelastet sein. Bringen Sie daher nach dem Spaziergang den Senior nach Hause und starten dann noch zu einer weiteren Runde oder einem Training mit den jüngeren Hunden. Dazu muss Ihr alter Hund natürlich allein bleiben können. Trainieren Sie dies von Beginn an, auch dann, wenn der zweite Hund eingezogen ist. Viele Mehrhundehalter lassen Ihre Hunde zwar weiterhin gemeinsam allein, vergessen aber oft, dass es sinnvoll ist, das Alleinbleiben auch mit jedem Hund einzeln weiterhin regelmäßig zu üben. Bei nicht zu heißem oder kaltem Wetter konnen Sie Ihren Hund auch für eine kurze Zeit im Auto warten lassen, während Sie noch ein wenig mit den jüngeren Hunden trainieren.

Auch im gewachsenen Rudel sind die unterschiedlichen Bedürfnisse sehr deutlich: Der junge Hund gibt Gas, der erwachsene Hund begleitet seinen Menschen und der Senior trödelt hinterher.

Als weitere Möglichkeit, den alten Hund auf die täglichen Spaziergänge mit einzubeziehen, können Sie mit einem Familienmitglied einen Treffpunkt vereinbaren, an dem dieser den Senior mit dem Auto abholt und mit nach Hause nimmt. Sie setzen dann Ihren Weg mit den jüngeren Hunden weiter fort.

Vielen alten Hunden fällt das lange Warten schwer. Konnte der Senior früher zuverlässig das Signal „Bleib“ auch über einen längeren Zeitraum ausführen, steht er nun häufig auf und stört damit das Training des jüngeren Hundes. Will man dieses nicht ständig unterbrechen und dem alten Hund damit auch ständig Aufmerksamkeit geben, kann man ihn natürlich auch an einem Pfosten oder Baumstamm anleinen. Doch dies führt dann häufig dazu, dass der alte Hund seinen Unmut darüber lauthals äußert. Abhilfe schafft hier oftmals, den alten Hund einfach frei laufen zu lassen. So kann er im Gelände herumlaufen, überall schnuppern und seiner Wege gehen, während Sie mit dem jungen Hund trainieren. Natürlich müssen Sie ihn dabei aber immer im Blick behalten, damit er sich nicht außer Sicht entfernt und Sie später dann nicht mehr wiederfindet. Ist das Training mit dem jungen Hund beendet, rufen Sie Ihren alten Hund zu sich. Hört der Senior nur noch schlecht, können Sie ihm auch eine Leine am Geschirr befestigen. Natürlich möglichst ohne Haken und Schlaufen, damit er während des Freilaufs nicht hängen bleibt. Nun können Sie Ihrem jungen Hund beibringen, den alten Hund einzusammeln.

„HOL DIE ANNA“

Dazu muss Ihr junger Hund erst einmal lernen, eine Leine am Ende aufzunehmen und zu Ihnen zu bringen. Ein apportierfreudiger Hund wird dies schnell begreifen, wenn Sie die Leine wie einen Apportiergegenstand werfen und Ihren Hund mit dem ihm bekannten Apportiersignal hinterherschicken. Im nächsten Schritt befestigen Sie an der Leine einen nicht zu leichten Gegenstand (also angepasst an die Größe Ihres Hundes!). Fordern Sie Ihren Hund auf, die Leine aufzunehmen und zu Ihnen zu bringen. Dazu muss Ihr Hund nun Zug auf die Leine bringen. Beginnen Sie mit einem Schritt und steigern Sie dann die Strecke, die Ihr Hund den Gegenstand zu Ihnen ziehen soll. Klappt dies, können Sie erst einmal mit einem Menschen trainieren. Bitten Sie einen Bekannten, mit dem Ihr Hund vertraut ist, die Leine festzuhalten. Diese

Wenn Sandra mit ihrem alten Labrador Clyde trainiert, muss der junge Kelpie-Rüde Journo warten.

Während Sandra mit Journo trainiert, läuft Clyde herum und schnüffelt mal hier, mal da.

Ist das Training beendet, läuft Journo zu Clyde und bringt diesen mithilfe der an dessen Geschirr befestigten Leine zu Sandra zurück.

sollte aber natürlich mit dem anderen Ende auf dem Boden schleifen. Fordern Sie Ihren Hund erneut auf, die Leine aufzunehmen und zu Ihnen zu bringen. Anfangs läuft der Mensch dann sofort mit, später muss Ihr Hund auch einmal kurz Zug auf die Leine bringen, bevor er den Menschen zu Ihnen führt. Fügen Sie nun noch ein neues Signal, wie z. B. „Hol die Anna“ hinzu.

Nun können Sie das Signal auch nutzen, damit Ihr junger Hund Ihren älteren Hund einsammelt. Trainieren Sie anfangs in einer Situation, in der Ihr alter Hund aufmerksam ist, sodass er schnell und bereitwillig Ihrem jungen Hund folgt. Beginnen Sie auch hierbei erst mit einem sehr kurzen Abstand. Diesen können Sie nun Schritt für Schritt erweitern und das Signal dann auch einsetzen, wenn Ihr alter Hund abseits schnüffelt und gerade nicht auf Sie achtet.

WICHTIG

Beziehung beachten

Bitte beachten Sie für dieses Training aber die Beziehung der beiden Hunde zueinander. Dieses Signal eignet sich nur dann, wenn eine entspannte Beziehung zwischen den beiden Hunden besteht. Der alte Hund muss dem jungen Hund ja bereitwillig folgen. Gibt es hierbei Probleme, knurrt der alte Hund den jungen Hund also z. B. an, wenn dieser die Leine aufnimmt oder traut sich der junge Hund gar nicht erst, die Leine, die am alten Hund befestigt ist, aufzunehmen, sollten Sie auf diesen Trick besser verzichten und Ihren Senior selbst einsammeln. Denn schließlich sollen die beiden Hunde sich auch weiterhin gut verstehen!

Aufnahme eines alten Hundes?

An dieser Stelle möchte ich noch einmal gezielt Werbung für die Aufnahme eines alten Hundes machen. Generell bin ich ja immer dafür, sich erst einmal im Tierheim oder Tierschutzverein umzuschauen, wenn ein neuer Hund in die Familie einziehen soll. Im Tierheim sitzen viele wunderbare Hunde, die auf ihre Familie warten. Mit Sicherheit ist auch für Sie ein passender Vierbeiner dabei. Viele Menschen entscheiden sich jedoch auch dann für einen jungen Hund, am liebsten soll es ein Welpe sein. Gründe dafür gibt es viele, man möchte den Hund möglichst von Beginn seines Lebens an begleiten. Zudem besteht die Hoffnung, dass der Welpe noch nichts Schlimmes in seinem Leben erfahren musste, was dann u. U. zu Problemen bei der Haltung führt. Aber immer wieder hört man einen gravierenden Punkt, der gegen die Aufnahme eines alten Hundes spricht: die begrenzte Zeit mit dem Hund und den baldigen Verlust. Und ja, das Leben eines Hundes ist im Vergleich zu unserer Lebenszeit nur kurz. Ist der Hund bereits 10 Jahre alt oder noch älter, wird man ihn nur wenige Jahre begleiten können. Doch auch ein junger Hund kann durch einen Unfall oder durch eine schwere Krankheit bereits früh sterben. Niemand weiß letztlich, wie viel Lebenszeit ihm noch zur Verfügung steht. Sehen Sie es daher doch einfach einmal aus der Sicht des alten Hundes. Anstatt, dass der Senior sein Leben im Tierheim verbringen und dort beenden muss, können Sie ihm noch einen wunderbaren Lebensabend schenken, mit dem Gefühl, dass er geliebt wurde und für seine Menschen etwas ganz Besonderes war.

TIERSCHUTZHUNDE

Leider kommen gerade viele alte Hunde oft vollkommen unverschuldet ins Tierheim, und nicht etwa, weil Menschen nicht mehr mit ihnen klargekommen sind oder es sonstige Verhaltensprobleme gab. Denn häufig sind nicht nur die Hunde, sondern auch deren Menschen in die Jahre gekommen, und wenn der Mensch dann vor seinem Haustier stirbt, bleibt dieses erst einmal zurück. Nicht immer können sich die Angehörigen um den Hund kümmern, ihr Leben ist oftmals nicht auf die Bedürfnisse eines Hundes abgestimmt. Findet sich dann niemand, der den Senior aufnimmt, bleibt nur die Abgabe im Tierheim. Leider kommen einige alte Hunde auch ins Tierheim, weil sie nicht mehr in das Leben der Halter passen. Sie machen Arbeit, müssen versorgt werden, brauchen teure medizinische Behandlung und können in das aktive Leben der Menschen nicht mehr mit einbezogen werden. Dass dies für mich natürlich ein absolutes No Go ist, steht außer Frage. Aber vermutlich geht es diesen armen Senioren dann tatsächlich im Tierheim besser, als wenn man die Halter verpflichten würde, sich bis zum Ende ihrer Verantwortung zu stellen und sich um ihren Hund zu kümmern.

SENIOREN IM TIERHEIM

Für die meisten Hunde ist es erst einmal ein Schock, wenn sie ihr Zuhause verlieren und ins Tierheim müssen. Der alte Hund, der jahrelang zufrieden in seinem Zuhause lebte, wo er liebevoll umsorgt wurde, sich sicher fühlte und sich an seinen Menschen orientierte, wird umso mehr leiden. Denn je älter der Hund ist, desto schwieriger ist es für ihn, sich umzustellen, sich an neue Gegebenheiten zu gewöhnen. Er braucht jetzt eigentlich Ruhe und Geborgenheit, was im Tierheim aber kaum möglich ist. Die Anwesenheit der vielen Hunde stresst den alten Hund, und selbst bei wirklich guter Betreuung ist es den Tierheimmitarbeitern natürlich nicht möglich, dem Hund so viel Nähe zukommen zu lassen, wie dies in einem Zuhause der Fall wäre. Manche Hunde geben sich dann sogar regelrecht auf, sie fressen nicht mehr, sie zeigen kein Interesse mehr an den Menschen und der Umwelt, sie scheinen nur noch auf den Tod zu warten. Ein solcher Hund braucht dringend Hilfe. Häufig finden sich für alte Hunde auch Pflegestellen, die ihn bis zur Vermittlung aufnehmen. Auch wenn das ebenfalls eine Umstellung erfordert, ist es für viele Senioren dennoch angenehmer als der Aufenthalt im Tierheim. Wenn Sie sich nicht sicher sind, ob ein alter Hund wirklich zu Ihnen passt, können Sie sich auch erst einmal als Pflegestelle für einen Senior beim Tierheim oder bei

Wenn Hund und Mensch gemeinsam alt werden, passen die Bedürfnisse oft gut zusammen: ein wenig Aktivität, gefolgt von einer ausgiebigen Pause!

Rhodesian Ridgeback-Rüde Marlow (7 Jahre) wird häufig aufgrund der vielen weißen Haare im Gesicht älter geschätzt.

einer Tierschutzorganisation bewerben. Und nicht wenige Hunde haben sich dann still und heimlich ins Herz ihrer Pflegefamilien geschlichen und durften endgültig bleiben!

Andere Hunde wiederum haben ihr gesamtes Leben bisher nicht viel Gutes erfahren. Viele Hunde, die von Vermehrern als Zuchtmaschine missbraucht wurden, werden aussortiert, wenn sie zu alt sind, um weiter Welpen zu gebären und aufzuziehen. Sie lernen dann erst im Alter in ihrer neuen Familie, was Leben eigentlich bedeutet und es ist oftmals ein Wunder, zu erleben, wie diese Hunde aufblühen und wie schnell sie sich an ihr neues Leben und ihre erste „eigene" Familie anpassen.

Doch immer wieder entscheiden die Menschen sich gegen einen Hundesenior, einfach nur, weil er zu alt ist. Dabei suchen sie eigentlich einen ruhigen, verträglichen Hund, der nicht zu aktiv ist und gut in das Familienleben passt, und genau das bietet der alte Hund. Gerade zu älteren Menschen, aber auch zu Familien mit kleineren Kindern, mit denen man oft auch eingeschränkt ist, nicht unbegrenzt reisen und unterwegs sein kann, passt ein älterer Hund optimal.

MIT 10 JAHREN ZUM ALTEN EISEN?

In der Regel denken wir dabei an Hunde im Alter von 10 Jahren und mehr. Wenn man jedoch weiß, dass Hunde im Alter von 5 Jahren im Tierheim bereits als „alt und nur schwer vermittelbar" gelten, wird klar, dass mit einem alten Hund aus dem Tierheim nicht nur der greise, schwer kranke Hund mit wenigen Monaten Lebenserwartung gemeint ist. Gerade kleinere Rassen können ja durchaus 17 oder 18 Jahre alt werden, haben mit 10 Jahren also gerade einmal die Hälfte ihres Lebens hinter sich. Aber natürlich wird niemand, der einen Hund für sportliche Aktivitäten wie Bergwanderungen oder Agility-Turniere sucht, mit einem alten Hund glücklich werden. Doch auch alte Hunde können noch lernen, auch mit ihnen kann man viel Spaß haben und diverse Beschäftigungsformen ausführen.

Sicher, ein alter Hund, der bereits erkrankt ist und medizinisch versorgt werden muss, kostet Geld. Doch auch ein junger Hund kann erkranken und damit hohe Kosten verursachen. Beim alten Hund weiß man zumindest genau, was auf einen zukommt und kann sich vorab nach der notwendigen Behandlung und den dadurch anfallenden Kosten erkundigen.

Nina Reilmann mit Lilly

Eigentlich muss Lilly für sich selbst sprechen … Denn obwohl sie mittlerweile fast 10 Jahre alt ist, findet sie immer noch, dass sie keinesfalls zum alten Eisen gehört!

Ich heiße Lilly und komme aus dem Tierschutzverein Münster. Eines Novembers gab es eine schicksalhafte Begegnung mit meinem Frauchen, die unser beider Leben komplett veränderte. Eigentlich wollte Nina nur mal einen Spaziergang mit mir machen … Aber den habe ich sofort genutzt, um sie um meine Pfote zu wickeln. Und schon war es um sie geschehen, und ich durfte bei ihr einziehen.

In meiner früheren Familie hatte ich sehr viel Freiraum, doch irgendwie hatte mein neues Frauchen wohl andere Vorstellungen vom gemeinsamen Leben. Sie hatte an allem etwas auszusetzen … an der Leine sollte ich nicht ziehen – dabei kommt man doch nur so ordentlich vorwärts. Wenn wir andere Hunde trafen, durfte ich nicht laut und deutlich sagen, was ich von denen hielt – ich wäre ja gar nicht so laut geworden, wenn Frauchen einfach mal die Leine abgemacht hätte. Ich durfte den kleinen lustigen Tieren nicht hinterherjagen – dabei macht das doch einfach so viel Spaß! Stattdessen habe ich den Autos hinterhergebellt, aber das fand Frauchen auch wieder nicht gut …

Und dann wollte sie mich allein zu Hause zurücklassen. Könnt ihr euch das vorstellen? Wo ich doch gerade so froh war, sie gefunden zu haben. Das ging gar nicht, und ich habe meinen Unmut darüber erst einmal stundenlang lautstark zum Ausdruck gebracht. Und trotzdem hat Frauchen mich behalten.

In den letzten Jahren bin ich dann doch ein wenig ruhiger geworden. Klar, man ist ja nicht mehr ganz so agil im Alter. Aber es liegt natürlich auch daran, dass Frauchen und ich uns jetzt wirklich gut verstehen. Anstelle von Kaninchen jage ich jetzt Dummys und über andere Hunde rege ich mich schon lange nicht mehr auf.

Frauchen liebt es übrigens, wenn ich gemütlich zusammengerollt in meinem Körbchen neben ihrem Bett liege und schlafe. Sie sagt, ich schnarche dann so gemütlich, dass sie dabei richtig gut einschlafen kann. Ja, wir passen eben einfach gut zusammen!

Nina und ihre 10 Jahre alte Mischlingshündin Lilly sind mittlerweile ein eingespieltes Team.

ENGE BINDUNG AUCH IM ALTER

Wer denkt, ein alter Hund hat bereits so viel erlebt, dass er sich mit Sicherheit nicht mehr so intensiv an seine Menschen binden kann, liegt falsch. Gerade alte Hunde, die verunsichert sind, weil sie aus ihrem bisherigen Leben gerissen wurden, die den Verlust ihres Zuhauses verkraften müssen, binden sich häufig sogar sehr intensiv an ihre neue Familie. Oftmals so intensiv, dass ein Alleinbleiben schwer möglich ist und wie beim Welpen in kleinen Schritten neu aufgebaut werden muss. Haben Sie daher insbesondere bei dieser Problematik Geduld, wenn Sie einen alten Hund aufnehmen. Geben Sie ihm die Zeit, die er braucht, bis er sich wirklich sicher bei Ihnen fühlt, und es ertragen kann, auch einmal eine kurze Zeit ohne Sie zu sein. Er braucht diese Zeit, um den Verlust des alten Zuhauses zu überwinden, und das Vertrauen, dass er Sie nicht auch noch verlieren wird, aufzubauen.

Aber Vorsicht, ein Recht auf Liebe und Dankbarkeit, nur weil Sie den Senior bei sich aufgenommen haben, gibt es nicht. Natürlich kann es daher auch sein, dass der alte Hund sich erst einmal zurückzieht und lange braucht, bis er sich in Ihr gemeinsames Leben einfindet, sich an Ihnen orientiert und Ihnen vertraut. Aber bitte geben Sie ihn nicht direkt wieder auf, sondern lassen Sie ihm die Zeit, die er braucht. Irgendwann werden Sie an winzigen Kleinigkeiten merken, dass Ihr Hund bei Ihnen angekommen ist. Sei es, dass er auf einmal von sich aus Kontakt zu Ihnen aufnimmt, um Streicheleinheiten einzufordern. Vielleicht sucht er auch Schutz und Hilfe bei Ihnen, wenn er sich unwohl fühlt oder ihn Situationen überfordern, wie z. B. der Kontakt mit anderen Hunden. Beobachten Sie Ihren Hund genau, lernen Sie seine Körpersprache und seine Bedürfnisse kennen und werden Sie mit der Zeit zum Partner Ihres Hundes.

Mit 14 Jahren hat Mischlingshündin Dolly bereits viel erlebt. Nach einer Zeit im Tierheim genießt sie mittlerweile das Leben in ihrer eigenen Familie.

Alte Hunde sind einzigartige Charaktere, die mit der Erfahrung ihres ganzen Lebens auf den Menschen und dessen Angebote eingehen.

Andrea Buisman mit Bella

Mein Rüde starb damals mit nicht einmal 9,5 Jahren innerhalb von einer Woche an Tetanus, für mich ein großer Schock und ein schmerzlicher Verlust. Er war in den letzten Monaten schon deutlich älter geworden, war anhänglicher und schmusiger und ich hatte mich sehr auf die Zeit mit ihm als Senior gefreut. Doch es sollte einfach nicht sein. Zwar hatte ich noch meine anderen drei Hunde, doch diese waren deutlich jünger und es fehlte

Bella bringt mit ihrem Blick die Herzen zum Schmelzen, keiner kann ihrem Charme widerstehen.

einfach etwas im Rudel: ein alter Hund. Also begann ich das Internet zu durchforsten, ob es nicht irgendwo einen alten Hund gab, der zu uns passte, der ein neues Zuhause brauchte. Doch die Ansprüche waren hoch: Es sollte ein alter Hund sein, mindestens 10 Jahre alt. Ein in Not geratener Hund, der über private Vermittlung oder den Tierschutz ein Zuhause suchte. Und natürlich am liebsten ein Labrador Retriever, denn dieser Rasse bin ich einfach verfallen, und schließlich sollte er ja auch gut zu den anderen Hunden – alles Labis – passen. Es sollte ein sozialverträglicher Hund gegenüber Artgenossen sein. Auch gegenüber Menschen sollten keine Aggressionen oder starken Unsicherheiten bestehen, da ich meine Hunde mit zur Arbeit nehmen kann bzw. muss, und die Hunde dort viel Kontakt zu anderen Menschen haben. Dementsprechend sollte der Hund Neuem gegenüber möglichst aufgeschlossen sein, denn wir sind viel unterwegs, und das auch oft mit dem Auto, sodass Autofahren natürlich auch kein Problem sein sollte. Da ich allein mit meinen Hunden lebe, müssen diese durchaus auch einmal für ein paar Stunden allein bleiben können. Alles in allem sind das nicht wenige Anforderungen, die ich an einen Hund stellen muss.

Wie zu erwarten, gab es diesen „Traum-Hund" natürlich nirgends. Ich weiß nicht, wie viele Homepages ich durchforstet habe, wie oft ich auf Facebook nach Hunden in Not gesucht habe, wie oft ich hin und her überlegt habe, ob dieser oder jener Hund nicht doch zu uns passen könnte, auch wenn er nicht alle genannten Eigenschaften erfüllte. Irgendwann habe ich dann aufgegeben. Meine Hündin hatte ihren nächsten Wurf, ich verliebte mich in einen ihrer Welpen und so blieb er anstatt eines Seniors …

Keine 4 Wochen später las ich die aktuellen Nachrichten auf Facebook, als mein Blick an einem Foto hängenblieb. Eine braune Labrador-Hündin! Jedem Kunden

Die Labrador-Hündin fühlt sich in ihrer neuen Familie richtig wohl. Sie liebt Andrea abgöttisch und würde sie am liebsten immer und überall hin begleiten.

der Hundeschule hätte ich gesagt, dass man so keine Hunde aussucht, aber ich wusste: Das ist mein Hund! Schnell las ich die Anzeige durch und konnte es kaum glauben: „Eine 11 Jahre alte braune Labrador Retriever-Hündin, aus einer Vermehrung gerettet. Sozial verträglich, kann ein paar Stunden allein bleiben, mit absolut bezauberndem Wesen." Es passte wie die Faust aufs Auge. Eine Woche überlegte ich und wägte alles ab. Sollte ich zu dem Welpen nun noch einen weiteren Hund aufnehmen? Aber eigentlich ... Wo vier Hunde satt werden, werden auch fünf satt. Ein alter Hund braucht nicht mehr so viel Beschäftigung, und natürlich ist die gemeinsame Zeit ja auch einfach begrenzt. Also rief ich kurzerhand bei dem Verein an, aber die Hündin war schon vergeben. Es sollte also wohl nicht sein.

Vier Wochen später klingelte auf einmal mein Telefon ... Bella, „meine" Hündin, war nun doch wieder frei. Die Interessenten hatten sich letztlich doch gegen sie entschieden, da Bella sie zu sehr an ihre gerade verstorbene Hündin erinnerte. Keine Frage, dass ich sofort einen Termin vereinbarte, um Bella kennenzulernen. Denn natürlich wollte ich die definitive Entscheidung nicht nur anhand eines Fotos treffen. Als ich dann die Wohnung betrat, war es tatsächlich so – Bella und ich haben uns gesehen und es war für uns beide klar: Wir gehören zusammen.

Also zog Bella bei uns ein. 38 Kilogramm schwer, wurde erst einmal die Ration gekürzt, sehr zu ihrem Bedauern. Mein Rüde war sofort begeistert über eine weitere Dame in seinem Rudel und auch der Welpe fand Bella sofort lustig. Doch meine Hündinnen fanden meine Idee erst einmal nicht so prickelnd. Sie fragten sich wohl, wann der Pensionsgast wieder gehen würde. Doch Bella mit ihrem Charme brauchte keine Woche, bis sie auch die Mädels überzeugt hatte und gemeinsam mit ihnen im Körbchen kuschelte. Und genauso geht es auch jedem Menschen. Ein Blick von Bella reicht, und die Herzen fliegen ihr zu. Autofahren war anfangs noch sehr aufregend, doch Bella ist so offen und neugierig, dass sie schnell alles entspannt mitmachte. Selbst apportieren lernte sie mit ihren 11 Jahren noch. Ihren Spitznamen „Bella Button" hat sie sich wirklich verdient, denn sie ist im Alter noch einmal so richtig aufgeblüht.

Mittlerweile ist Bella 14, und so langsam fällt ihr das Laufen schwer (trotz der jetzt nur noch 26 kg), sodass wir gemeinsame Spaziergänge nur noch auf 20 Minuten begrenzen. Doch solange sie noch in den Garten laufen kann und alles frisst, was in erreichbarer Nähe ist, weiß ich, dass es ihr gut geht. Nach 11 Jahren im Stall, als Zuchtmaschine missbraucht, darf sie nun das Leben unbeschwert genießen, und ich hoffe, dass sie noch lange bei uns ist!

4

Beschäftigung und Training

Wer rastet, der rostet! Dieses Sprichwort trifft nicht nur auf uns Menschen zu, sondern auch auf unsere Hundesenioren.

Auch alte Hunde können und wollen noch Neues lernen, wollen aktiv sein und gefordert werden. Für sie gibt es wohl nichts Schlimmeres als das Gefühl, nicht mehr gebraucht zu werden und damit kein wichtiger Teil der Familie mehr zu sein.

Natürlich muss die Aktivität sowohl in Bezug auf die körperliche als auch auf die geistige Auslastung an die Möglichkeiten des alten Hundes angepasst sein. Gerade dann, wenn Mensch und Hund schon seit vielen Jahren ein eingespieltes Team sind, wird sich auch der alte Hund bemühen, allen Forderungen seines Menschen nachzukommen. Und dann kann es schnell zu einer Überforderung kommen. Beobachten Sie Ihren Senior daher genau. Wie lange macht er noch freudig und aktiv mit, wann wird er langsamer? Zeigt er Anzeichen von Stress oder legt er sich zwischen den Aufgaben öfter hin? Dann ist es Zeit, das Training abzubrechen. Doch Nichtstun ist auch keine Lösung. Auch alte Hunde müssen sich bewegen, um möglichst gesund und fit zu bleiben, da hierdurch der Stoffwechsel angeregt wird, der Kreislauf in Schwung kommt und die Organe gut durchblutet werden.

Zwei- bis dreimal am Tag ca. 20 bis 30 Minuten aktive Zeit ist für Hundesenioren in der Regel eine gute Auslastung. Aber der alte Hund muss auch geistig gefordert werden, denn nur wer die Vernetzungen der Nervenzellen im Gehirn auch nutzt, bleibt bis ins hohe Alter geistig fit.

Apportierspiele eignen sich auch für Hundesenioren zur körperlichen und geistigen Auslastung.

Beschäftigungen und Spiele mit dem Senior können auf diesen kurzen Spaziergängen mit eingebunden werden, aber natürlich können Sie auch Zeiten zwischendurch im Haus und Garten nutzen. Dies ist gerade für alte Hunde ideal, da Sie so öfter einmal während des Tages mit Ihrem Senior eine kurze Trainingseinheit machen können. Fünf Minuten reichen oft schon, denn so lange kann sich ein alter Hund meist nicht mehr konzentrieren. Gestalten Sie das Training so, dass Ihr alter Hund Spaß hat und gern mit Ihnen zusammen aktiv ist. Lassen Sie ihm die Zeit, die er braucht, um eine Aufgabe zu lösen und zwingen Sie ihn niemals zu etwas.

DIE WELT LANGSAM ERKUNDEN

Auch beim Spaziergang sollten Sie Ihrem Senior ausreichend Möglichkeit geben, ausgiebig zu schnüffeln und die Welt in seinem Tempo zu erkunden. Es kommt hierbei nicht darauf an, Meter zu machen und Geschwindigkeitsrekorde aufzustellen. Wählen Sie für Aktivitäten und Spaziergänge möglichst weiche Böden, da diese weniger belastend für die Gelenke, Sehnen und Bänder sind als z.B. Asphalt. Im Sommer sollten Sie aktive Beschäftigungsformen und Spaziergänge möglichst in die frühen Morgenstunden verlegen, da vielen alten Hunden die Hitze sehr zu schaffen macht. Kommt dann noch körperliche Anstrengung hinzu, kann es schnell zu einem Kreislaufzusammenbruch kommen. Denken Sie daran, immer Ihr Handy dabeizuhaben. So können Sie, falls es doch einmal zu einem Notfall kommen sollte, möglichst schnell Hilfe rufen.

Passen Sie Beschäftigung sowie soziale Kontakte an die körperlichen Möglichkeiten Ihres Seniors an.

Viele alte Hunde genießen es auch, sich einfach nur im Garten aufzuhalten. Sie liegen dann stundenlang in der wärmenden Sonne oder suchen sich ein schattiges, kühles Plätzchen. Manchmal dösen sie einfach nur vor sich hin, manchmal wird tief und fest geschlafen, oder aber sie beobachten das Treiben im Haus bzw. falls möglich an der angrenzenden Straße oder dem Nachbargrundstück.

Selbstverständlich brauchen auch alte Hunde noch ausreichend Sozialkontakt zu Artgenossen. Gerade dann, wenn der Hund als Einzelhund in der Familie lebt, ist es wichtig, ihm Kontakt zu anderen Hunden zu ermöglichen. Aber bitte achten Sie dabei darauf, dass Ihr Senior nun nicht von einer Horde junger Wilder umgerannt und angerempelt wird. Genauso wie beim jungen Hund heißt es hier also nicht: „Sozialkontakt um jeden Preis". Bestimmt haben Sie aber im Laufe der Zeit einige andere Menschen mit ihren Hunden kennengelernt, die sich nun, nach einigen Jahren, in einem ähnlichen Alter befinden wie Ihr Senior. Ein gemütlicher Spaziergang mit den Senioren ist hier viel eher geeignet als eine wilde Toberunde. Auch wenn es zwischen den alten Hunden nicht zu überschäumenden Spielen und wilden Kontakten kommt, findet wertvolle Kommunikation statt. Man begrüßt und benimmt sich im Alter halt nicht mehr so wie ein Welpe oder Junghund. Da reicht es dann auch, sich einmal kurz abzuschnüffeln, um dann nebeneinander herzulaufen und an spannenden Stellen zusammen die Nase ins Gras zu stecken.

Beschäftigung je nach Interesse

Zumeist wissen Sie ja bereits aus den Jahren zuvor, was Ihrem Senior Spaß macht, womit er sich gern beschäftigt und was seine Leidenschaft ist. Nutzen Sie dies, indem Sie solche Beschäftigungsformen auswählen, aber natürlich mit reduzierten Anforderungen. Konnte er in seiner Jugend eine 1 000-Meter-Fährte selbst lange Zeit nach dem Auslegen problemlos erschnüffeln, wird es jetzt vielleicht nur noch eine kurze Fährte von 200 m, die er kurz nach dem Auslegen absuchen darf. Der Agility-Freak darf weiterhin die geliebten Hindernisse überwinden, doch die Stangen der Hürden liegen auf niedrigster Einstellung oder sogar ganz auf dem Boden. Oft gibt es bei Prüfungen auch separate Klassen für Senioren, bei denen die Anforderungen nicht mehr so hoch sind und alles nicht mehr so genau genommen wird. Gönnen Sie Ihrem alten Hund die Freude, weiterhin mit Ihnen zu starten und diese besonderen Momente zu genießen. Falscher Ehrgeiz ist hier jedoch fehl am Platz. Es geht nicht mehr darum, möglichst viele Punkte zu erreichen und den Wettbewerb zu gewinnen. Vielmehr müssen Sie darauf

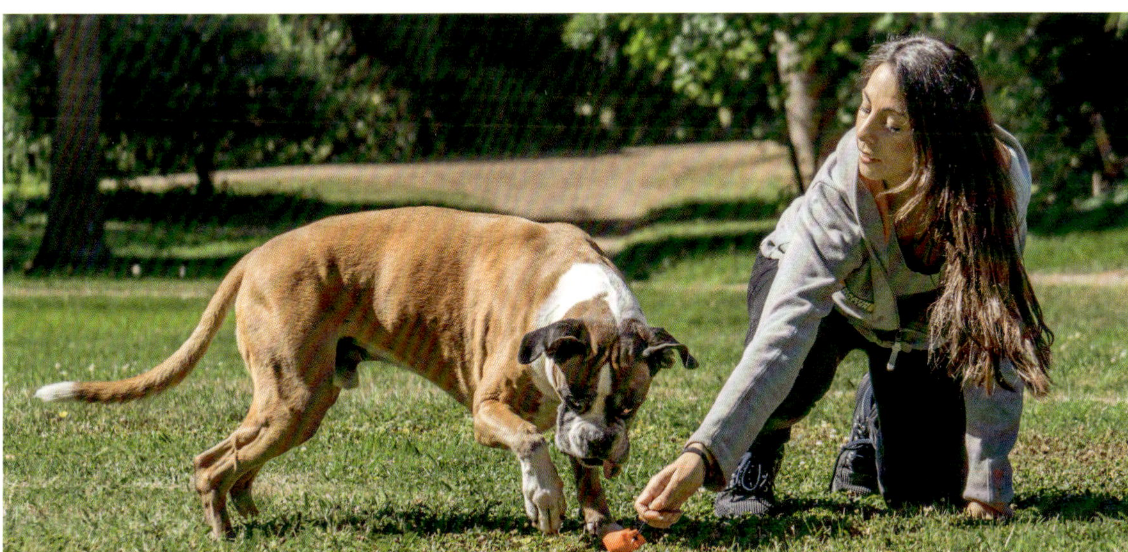

Carlino (10 Jahre) liebt es nach wie vor, Beute hinterher zu jagen, auch wenn das Spiel nicht mehr so schnell und dynamisch abläuft, wie in früheren Jahren.

achten, ob Ihr Senior wirklich noch Spaß daran hat, oder ob der ganze Trubel und die Aufregung ihn nicht doch stressen und anstrengen. Denn dann sollten Sie lieber auf eine Teilnahme verzichten.

Und auch beim Training mit dem Hund gilt es nun, diesen immer sorgfältig zu beobachten. Zeigt er Ermüdungserscheinungen, ist er also nicht mehr ganz so motiviert, nicht mehr so konzentriert, oder beginnt er sogar zu hecheln, zu gähnen oder sich zu kratzen, sind dies deutliche Zeichen dafür, dass ihm die Aufgabe zu viel ist und es Zeit für eine Pause ist bzw. das Training ganz zu beenden.

Wissen Sie noch nicht wirklich, was Ihrem Senior gefällt, weil er noch nicht so lange bei Ihnen ist oder aber Sie unsicher sind, ob Ihre Einschätzung richtig ist, probieren Sie einfach ein paar unterschiedliche Spiele und Beschäftigungsformen aus. Sie werden schnell feststellen, ob Ihr Hund begeistert auf Schnüffelspiele eingeht und es liebt, die Nase einzusetzen, ob er eher der Tüftler ist, der mit Denkspielen herausgefordert werden kann, oder aber die körperliche Aktivität liebt, und, so weit es eben noch geht, klettert, balanciert und rennt. Natürlich können Sie mit Ihrem alten Hund auch Neues ausprobieren. Auch Senioren lassen sich gern begeistern. Im Alter sind die Möglichkeiten zur Steigerung von Aufgaben jedoch oft begrenzt, sodass man dazu neigt, letztlich doch immer wieder das Gleiche zu machen. Und dann kann Altbewährtes auch langweilig werden. Im Kapitel zuvor habe ich darauf hingewiesen, dass es für viele alte Hunde wichtig ist, feste Rituale und einen geregelten Tagesablauf zu haben. Dies gilt für die Beschäftigung mit Ihrem Senior nicht, hier dürfen Sie gern kreativ werden. Stellen Sie Ihrem Hund immer wieder neue Herausforderungen, sodass er sich vor allem geistig anstrengen muss und somit lange möglichst fit bleibt! Neben der Sicherheit im Alltag und beliebten Beschäftigungsformen, müssen Sie Ihrem Senior also immer wieder auch neuen Input geben!

MEIN TIPP

Angebote von Hundeschulen

Hilfe finden Sie auch in einer Hundeschule, denn natürlich können Sie auch mit Ihrem Senior noch die Angebote und Aktivitäten dort nutzen. Sprechen Sie den Hundetrainer einfach einmal an, er wird gern einen Termin mit Ihnen vereinbaren, um Sie und Ihren Hund kennenzulernen. So kann er die Vorlieben Ihres Hundes genau einschätzen und Ihnen dann raten, welche Kurse für Sie beide infrage kommen. Einige Hundeschulen bieten sogar speziell Kurse für alte Hunde an. Nutzen Sie solche Angebote, da Sie hier nicht nur speziell auf die Bedürfnisse Ihres Seniors abgestimmte Inhalte finden, sondern sich auch mit den anderen Teilnehmern austauschen können.

LECKERCHEN ERSCHNÜFFELN

Hunde sind Makrosmaten, also Lebewesen mit besonders gut entwickeltem Geruchssinn, und lieben es daher, ihre Nase einzusetzen. Schnüffelspiele aller Art sind daher eigentlich bei allen Hunden beliebt, ob groß oder klein, ob Hütehund, Jagdhund oder Gesellschaftshund. Zudem ist dafür in der Regel wenig Zubehör nötig und die Anforderungen können von ganz einfach bis richtig schwer gesteigert werden, ohne dass der Hund stark körperlich gefordert wird. Also ideal für unsere Senioren!

FUTTERSUCHE

Die einfachste Form des Schnüffelspiels ist die Futtersuche. Nehmen Sie eine Handvoll Leckerlis und zeigen Sie diese Ihrem Hund. Lassen Sie ihn am besten einmal kurz an Ihrer Hand schnuppern, damit er versteht, dass es jetzt um Futter geht. Werfen Sie nun das Futter vor ihm auf die Wiese und schicken Sie ihn zur Suche. Fortgeschrittene Hunde können Sie auch erst einmal mit dem Signal „Bleib" warten lassen, bevor Sie dann das Signal zur Suche geben.

Die Futtersuche im Schnüffelteppich ist bei alten Hunden meist sehr beliebt. Sie ist auch für körperlich eingeschränkte Hunde gut geeignet.

Beherrscht Ihr alter Hund das Signal „Bleib" zuverlässig, können Sie die Schwierigkeit steigern, indem Sie einzelne Futterstücke in der Borke eines Baumstamms verstecken. Helfen Sie Ihrem Senior anfangs, indem Sie ihm zeigen, wo er seine Nase einsetzen soll, denn er muss nun lernen, nicht mehr nur auf dem Boden, sondern auch erhöht zu suchen.

SCHNÜFFELTEPPICH

Nun hat nicht jeder einen Garten, und im Park wollen Sie Ihren alten Hund vielleicht nicht nach Futter suchen lassen, da sonst gegebenenfalls andere frei laufende Hunde dazukommen und es zu Streit kommen kann. Eine tolle Alternative zu diesem Spiel bietet der sogenannte Schnüffelteppich, den Sie auch in der Wohnung verwenden können. Sie können den Schnüffelteppich entweder im Handel käuflich erwerben oder aber auch mit ganz einfachen Mitteln selbst herstellen:

- Besorgen Sie sich dazu eine Spülmatte mit möglichst kleinen, gleichmäßig verteilten Löchern. Schneiden Sie Filz in etwa 20 cm lange und ca. 3 cm breite Streifen zu. Damit der Teppich farblich etwas bunter wird, können Sie auch zwei oder drei unterschiedliche Farben verwenden.
- Knüpfen Sie nun die Streifen auf das Gitternetz, indem Sie einen Streifen durch eines der Löcher führen und das Ende auf der anderen Seite wieder herausziehen. Beide Enden sollten nun möglichst gleich lang sein, wenn Sie diese um das Spülgitter verknoten. Am besten beginnen Sie dabei innen und arbeiten sich dann kreisförmig nach außen vor.
- Nehmen Sie nun eine Handvoll Leckerlis und machen Sie Ihren Hund darauf aufmerksam. Lassen Sie Ihren Hund warten, während Sie die Leckerlis auf dem Schnüffelteppich verstreuen.
- Anfangs legen Sie diese dabei nur locker obenauf, später können Sie die Leckerchen auch tief nach unten zwischen die Filzstreifen stecken.
- Auf Ihr Signal darf Ihr Hund jetzt zwischen den Filzstreifen nach den Leckerlis suchen.
- Achten Sie darauf, dass der Schnüffelteppich nicht wegrutschen kann. Am besten legen Sie ihn auf einen anderen Teppich, alternativ halten Sie ihn mit Ihrer Hand fest.

Luna schaut aufmerksam zu, wie Denise die Futterstücke in den Karton fallen lässt.

Eifrig sucht sie nach den Futterstücken im Karton und klettert dabei sogar mit den Vorderpfoten hinein.

SUCHE IM KARTON

Eine andere Variante dieser Schnüffelspiele ist die Suche im Karton. Befüllen Sie einen nicht zu hohen Karton mit zusammengeknülltem Papier. Werfen Sie nun eine Handvoll Leckerlis in den Karton und fordern Sie Ihren Hund auf, darin nach diesen zu suchen. Der Karton darf dabei natürlich nur so hoch sein, dass Ihr Hund im Stehen mit dem Hals bis an den Boden des Kartons kommt, ohne sich dabei die Luftröhre zu quetschen.

INTELLIGENZSPIELE

Für ein anspruchsvolles Schnüffeltraining gibt es die sogenannten Intelligenzspiele für Hunde, die im Handel aus Holz erhältlich sind.

Je nach Anforderung muss der Hund hierbei einen Deckel hochdrücken oder zur Seite schieben, an einer Schnur ziehen oder eine Scheibe drehen, um an das Futter zu gelangen. Für fortgeschrittene Spieler steigen die Anforderungen, indem erst mehrere unterschiedliche Aufgaben erledigt werden müssen, bevor das Leckerchen freigegeben wird. Ist Ihr Senior noch Anfänger, machen Sie ihm die Aufgabe gern auch leichter, indem Sie die Platte zunächst nicht ganz zuschieben oder aber den Deckel mit einem Finger noch ein wenig hochhalten. So lernt er erst einmal, welche Handlung er durchführen muss, um an das Futter zu gelangen.

SPUREN VERFOLGEN

Auch die Spurensuche ist ideal für alte Hunde, da sie sich hierbei in ihrem eigenen Tempo fortbewegen können. Bei der Spurensuche soll der Hund lernen, Ihre – später auch die Spur anderer Menschen – zu verfolgen. Anfangs legen Sie dazu noch Leckerchen in Ihre Fußtritte, damit Ihr Hund lernt, dass es um das Verfolgen dieser Spur geht.

AUSLEGEN DER FÄHRTE

Starten Sie mit einer einfachen Fährte, indem Sie lediglich ein kurzes Stück von etwa 100 Metern laufen. Treten Sie deutlich auf, Sie können sich die ersten Male auch schlurfend fortbewegen. Bauen Sie noch keine Kurven oder Winkel ein, diese Steigerungen sind erst für fortgeschrittene Suchhunde geeignet. Der Boden sollte weich und etwas feucht sein, die Morgenstunden bieten sich daher für ein Fährtentraining an. Ideal ist eine relativ kurze Wiese, die aber nicht gerade frisch gemäht sein darf. Der Duft der abgeschnittenen Gräser würde sonst alle anderen Gerüche, und damit auch Ihre Fußtritte, überlagern. Lassen Sie Ihren Hund beim Auslegen der Fährte nicht zuschauen, da er sonst genau weiß, wo sich das Ende befindet und nicht mehr konzentriert suchen, sondern direkt zum Ende laufen wird. Denn dort befindet sich eine größere Belohnung, also z. B. eine größere Menge Leckerlis, die Sie nach dem Legen der Fährte am Ende ausgelegt haben. Markieren Sie auch den Anfang der Fährte gut, indem Sie z. B. einen Stock in die Erde stecken, damit Sie den Beginn schnell wiederfinden, wenn Sie Ihren Hund geholt haben und mit ihm zur Fährte gehen.

AUSARBEITEN DER FÄHRTE

Lassen Sie Ihren Hund kurz vor dem Start sitzen und warten. Schauen Sie sich den Anfang der Fährte an und zeigen Sie Ihrem Hund damit, dass Sie gerade etwas ganz Spannendes gefunden haben. Gehen Sie nun zu Ihrem wartenden Hund zurück. Nehmen Sie die Schleppleine auf, die Sie am Geschirr Ihres Hundes befestigt haben. Wenn Sie diesen Ablauf zu Beginn des Fährtentrainings immer durchführen, weiß Ihr Hund nach einigen Wiederholungen schon, worum es gleich geht und was seine Aufgabe sein wird. Zeigen Sie nun auf den Beginn der Fährte und fordern Sie Ihren Hund zur Suche auf. Lassen Sie Ihrem Senior Zeit, die Spur auszuarbeiten, auch wenn er dies ganz langsam angeht. Ein zu langsames Absuchen einer Fährte gibt es nicht, manche Hunde suchen wirklich jedes einzelne Leckerchen und damit jeden Fußtritt ab. Andere wiederum haben schnell verstanden, dass es eigentlich um die Spur geht, der sie folgen sollen, und überlaufen schnell viele Futterstücke. Holen Sie ihn dann keinesfalls zurück, sondern steigern Sie beim nächsten Mal die Schwierigkeit, indem Sie die Futterstücke in größeren Abständen, also z. B. nur noch in jeden zweiten oder dritten Fußtritt auslegen.

Die 10 Jahre alte Terrier-Mischlingshündin Emma findet das im Intelligenzspielzeug versteckte Futter bereits ohne die Hilfe von Frauchen Lena.

Das Verfolgen von Fährten eignet sich in der Regel für alle Hunde, egal welcher Rasse und welchen Alters.

Laufen Sie ruhig hinter Ihrem Hund her und lassen Sie die Schleppleine durch Ihre Hand gleiten, sodass er in zwei bis drei Metern Abstand vor Ihnen arbeiten kann. Bleibt er stehen, müssen Sie ebenfalls stoppen. Sucht er in Ihre Richtung, nehmen Sie die Schleppleine wieder kürzer, sodass diese nicht auf dem Boden liegt und Ihr Hund sich darin verheddert. Warten Sie, bis er sich von selbst wieder auf die Spur einsucht. Ist er verunsichert oder findet er die Spur nicht mehr wieder, dürfen Sie ihm natürlich helfen und ihn noch einmal auf die Spur führen.

SCHWIERIGKEIT STEIGERN

Angepasst an die Möglichkeiten Ihres Hundes, können Sie im weiteren Training die Schwierigkeit immer mehr steigern, indem Sie:

- die Schrittlänge beim Auslegen der Fährte vergrößern,
- weniger Futterstücke auf der Spur auslegen,
- die Spur verlängern,
- Kurven oder Winkel einbauen, anfangs im stumpfen, später auch im rechten oder spitzen Winkel,
- die Spur über Geländeübergänge legen, also z. B. vom Feld in den Wald,
- die Spur über einen Weg oder entlang eines Weges verlaufen lassen,
- den Untergrund schwieriger gestalten, die Spur z. B. im stark begangenen Park oder auf sandigem, trockenen Boden legen,
- Verleitungen einbauen, indem andere Menschen Ihre Spur kreuzen,
- eine Spur über eine alte Spur legen,
- einen Bekannten bitten, die Spur zu legen, sodass Ihr Hund nicht nur Ihre eigene Fährte verfolgt, sondern auch fremde Fährten,
- die Zeit, nach der Ihr Hund die Fährte nach dem Legen absucht, verlängern, von anfangs 30 Minuten, über 1, 2, 4 oder 8 Stunden bzw. später sogar auf 1 oder 2 Tage. Profis schaffen dies sogar noch nach 4 bis 5 Tagen.

SUCHE NACH GEGENSTÄNDEN

Eine weitere Form der Nasenarbeit bietet die Suche nach kleinen Gegenständen. Ihr Hund lernt hierbei, wirklich winzig kleine Gegenstände, wie z. B. eine Geldmünze oder eine Büroklammer, auf die er zuvor konditioniert wurde, zu suchen und durch eine bestimmte Position, in der Regel durch Abliegen mit dem Kopf in Richtung des Gegenstandes, anzuzeigen.

ANZEIGE TRAINIEREN

Zuerst lernt Ihr Hund, den Gegenstand anzuzeigen. Dazu muss natürlich erst einmal ein Gegenstand ausgewählt werden. Dieser sollte relativ klein sein, es bieten sich Gegenstände wie ein Feuerzeug, eine Wäscheklammer, ein Kugelschreiber oder ein Radiergummi an. Mit sehr kleinen Gegenständen, wie z. B. einer Geldmünze oder einer Büroklammer, sollten Sie erst dann trainieren, wenn Ihr Hund das Prinzip verstanden hat, da diese natürlich weniger Geruch abgeben und damit schwieriger zu finden sind. Allerdings sind die Versteckmöglichkeiten bei kleinen Gegenständen auch vielfältiger! Im Idealfall gibt es von dem ausgewählten Gegenstand auch weitere von gleicher Beschaffenheit, sodass Sie bei Verlust oder Zerstörung eine Alternative für das Training haben. Der Gegenstand sollte in einer Plastikbox untergebracht werden, damit er keine anderen Gerüche annehmen kann. Oft wird empfohlen, den Gegenstand in einer Box aus gleichem Material unterzubringen. Dies ist bei Gegenständen, die aus vielen unterschiedlichen Materialien bestehen, wie z. B. bei einem Feuerzeug, aber schwierig. Zudem besteht bei organischen Materialien, wie z. B. einem Ledermäppchen, die Gefahr, dass der Gegenstand durch die Aufbewahrungsbox hindurch andere Gerüche annimmt. Oft wird zudem das Training mit dem Clicker empfohlen. Ist der Hund auf den Clicker konditioniert, hat er also gelernt, dass dieser eine folgende Belohnung ankündigt, können Sie diesen natürlich verwenden. Sie können Ihren Hund aber auch einfach mit einem Lobwort, wie z. B. „Prima“, und einem Futterstück belohnen. Das Futter sollte dabei klein, weich und vom Hund stark begehrt sein, damit Sie Ihren Hund häufig für viele kleine Schritte belohnen können, ohne dass er lange kauen muss. Eine Belohnung mit Spiel eignet sich für dieses Training nicht, da der Hund hierbei die Anzeigeposition verlassen würde, was nicht erwünscht ist.

1. Ihr Hund muss lernen, um welchen Gegenstand es geht. Dazu nehmen Sie den Gegenstand in die Hand, sodass nur ein kleines Stück davon herausschaut. Halten Sie Ihrem Hund die Hand mit dem Gegenstand hin. Sobald er sich hierfür interessiert, wird er belohnt.
2. Dann soll Ihr Hund den Gegenstand anstupsen.
3. Als Nächstes wird das Hörzeichen für die Suche nach diesem Gegenstand eingeführt. Dazu benennen Sie jedes Mal kurz vor dem Stupsen den Gegenstand, sagen also z. B. „Kuli“.
4. Hat Ihr Hund dies nach mehrfacher Wiederholung verknüpft, muss er noch lernen, länger mit der Nase an dem Gegenstand zu bleiben. Dazu können Sie entweder immer länger warten, bevor Sie mit dem Clicker klicken bzw. das Lobwort sagen. Sie können Ihren Hund aber auch motivieren, länger an dem Gegenstand zu bleiben, indem Sie ihn anfeuern.
5. Hat er auch dies verstanden, muss er noch ein Startsignal für die Suche lernen. Dazu setzen Sie ihn vor sich ab, zeigen ihm den Kuli und starten dann z. B. mit „Kuli Go“ das Anzeigen. Zu Beginn halten Sie den Kuli auf Nasenhöhe des Hundes. Im späteren Training müssen Sie den Gegenstand auch tiefer und am Ende auch auf Bodenhöhe halten. Fortgeschrittene Hunde müssen später auch lernen, Gegenstände über ihrer Kopfhöhe anzuzeigen. Hiermit sollten Sie aber erst beginnen, wenn Ihr Hund die Suche und das Anzeigen gelernt hat.
6. Hält man den Gegenstand auf Bodenhöhe oder legt ihn ganz auf den Boden, natürlich weiter gesichert durch die Hand, legen sich viele Hunde

selbstständig hin, da das Anzeigen im Sitzen mit so stark abgesenktem Kopf unangenehm ist. Warten Sie dann immer darauf, dass sich Ihr Hund beim Anzeigen hinlegt, bevor Sie ihn belohnen. Alternativ können Sie Ihrem Hund auch erst das Signal „Platz“ geben, bevor Sie den Gegenstand auf den Boden legen und Ihren Hund zur Anzeige auffordern. Dazu müssen Sie ihm das Signal „Platz“ aber natürlich zuvor beigebracht haben.

7. Nun muss Ihr Hund lernen, dass sich der Gegenstand nicht immer nur in der Hand des Menschen befindet. Dazu legen Sie ihn z. B. in einen Schrank, eingeklemmt unter einem schweren Buch oder Ähnlichem, sodass Ihr Hund den Gegenstand nicht herausnehmen kann. Anfangs schaut der Gegenstand aber noch mit einem Ende heraus, sodass Ihr Hund ihn weiterhin direkt mit der Nase anstupsen kann. Im weiteren Verlauf ist der Gegenstand dann nicht mehr sichtbar für Ihren Hund, er muss nun lernen, seiner Nase zu vertrauen und das Anzeigen ohne direkten Kontakt zum Gegenstand zu zeigen.
8. Im letzten Schritt muss Ihr Hund lernen, den Gegenstand zu suchen. Dazu lassen Sie ihn zuschauen, wie Sie den Gegenstand verstecken. Legen Sie ihn aber nicht direkt im vorgesehenen Versteck ab, sondern täuschen Sie mehrere weitere Verstecke vorab an. Auch nachdem Sie den Gegenstand versteckt haben, täuschen Sie noch weitere Verstecke an, damit der Hund nicht lernt, dass sich der Gegenstand immer im letzten Versteck befindet. Schicken Sie Ihren Hund nun zur Suche. Sobald er den Gegenstand gefunden hat und anzeigt, gehen Sie in seine Richtung. Bei ihm angekommen, belohnen Sie Ihn für das Finden und Anzeigen.

WICHTIG

Mögliche Fehler

Es ist wichtig, dass Sie bei dieser ersten Konditionierung auf den Gegenstand darauf achten, keine Fehler zu machen. Ihr Hund darf dabei z. B. keine Möglichkeit haben, den Gegenstand zu apportieren. Gerade apportierfreudige Hunde haben diese Idee immer sofort. Sie müssen erst lernen, dass bei diesem Training ein Anzeigen des Gegenstandes gefragt ist. Auch das längere Anstupsen des Gegenstandes muss in dieser Phase bereits gut aufgebaut sein. Belohnen Sie hier z. B. ein „wiederholtes Stupsen und den Menschen dazwischen anschauen“, wird Ihr Hund diese Variante des Anzeigens auch später am Ende der Suche anstelle der dauerhaften Anzeige ausführen.

Beim Aufbau des Suchengebietes können Sie richtig kreativ werden. Gerade im Außenbereich können Sie alte Ziegelsteine, ausrangierte Autoreifen, Metallgitter, Holzplatten, Gummimatten, Pylonen, Schubladen, Regenrohre und andere Dinge, die die meisten wohl auf dem Sperrmüll entsorgen würden, verwenden.

Boxer-Rüde Carlino hat gelernt, die winzige Wäscheklammer, die Ellen in einem Loch des Steins versteckt hat, auch in einem Bereich mit unendlich vielen Versteckmöglichkeiten zu finden.

Sobald Carlino die Wäscheklammer erschnüffelt hat, legt er sich davor ab und hält die Nase so dicht wie möglich an diese, und das so lange, bis Ellen ihn dafür belohnt.

Mischlingshündin Ida (14 Jahre) beherrscht viele unterschiedliche Tricks. Auf das Signal von Martin legt sie ihm die Pfote in die Hand.

TRICKSCHULE

Tricktraining macht vielen Hunden Spaß, manche kennen ein ganzes Repertoire an Tricks, das sie gern auch zum Besten geben. Natürlich muss man beim alten Hund darauf achten, dass er körperlich noch in der Lage ist, den Trick auszuführen und sich nicht beim Training verletzt. Tricks wie Männchen machen oder auf den Hinterbeinen laufen sind für alte Hunde daher nicht geeignet, da der Rücken zu sehr belastet wird. Können sie sich nicht mehr ausbalancieren, besteht die Gefahr, dass sie umkippen und sich dabei an der eh vielleicht schon steifen Wirbelsäule verletzen. Auch Sprünge, wie z. B. über das ausgestreckte Bein, durch die Arme oder über den Rücken des Menschen, sollte man mit dem älteren Hund vermeiden.

Das Balancieren über einen Baumstamm kann dagegen das Körpergefühl schulen, allerdings sollte der Stamm relativ breit und schwer sein, damit er nicht wegrollen kann. Er sollte auch nicht zu hoch sein, damit der Hund nicht zu tief herunterfällt, wenn er doch einmal danebentritt.

Doch die Möglichkeiten an Tricks sind unendlich. Angefangen von einfachen Tricks wie dem „Pfötchen geben“ oder „Touch mit der Pfote“ über

Tricks wie „Verbeugen“ oder „Sich einmal um sich selbst drehen“ bis hin zu schweren Tricks wie „Schublade oder Tür öffnen und schließen“ oder „Spielzeug aufräumen“ sind Mensch und Hund kaum Grenzen gesetzt. Viele Tricks eignen sich auch hervorragend, um alte Hunde zu gymnastizieren. Beim Verbeugen werden die Rückenmuskeln gedehnt, beim Pfötchen geben die Beinmuskeln. Drehungen unterstützen die Beweglichkeit, sind aber nur dann geeignet, wenn der Hund keine Erkrankungen an der Wirbelsäule hat, wie z. B. Spondylose (siehe S. 53).

PFÖTCHEN GEBEN

Setzen Sie sich auf einen Stuhl, Ihr Hund soll sich vor Sie hinsetzen. Nehmen Sie ein Futterstück in die geschlossene Hand und zeigen Sie ihm dieses. Lassen Sie ihn mit der Nase daran schnüffeln, sodass er merkt, dass das Futter in Ihrer Hand ist. Warten Sie ab, wie er sich verhält. Vielleicht versucht er zunächst, Ihre Hand mit der Nase anzustupsen. Ignorieren Sie diese Versuche einfach. Halten Sie die Hand nicht zu hoch, denn sonst wird er die Möglichkeit, mit der Pfote an Ihrer Hand zu kratzen, gar nicht erst in Erwägung ziehen. Sobald er jedoch die Pfote hebt, belohnen Sie ihn, indem Sie ihn loben und die Hand öffnen. Wiederholen Sie dies einige Male und warten Sie nun darauf, dass er die Pfote gezielt hoch zur Hand hebt. Im nächsten Schritt haben Sie nun kein Futterstück mehr in Ihrer Hand versteckt. Halten Sie diese aber immer noch geschlossen, als wäre weiterhin Futter darin. Berührt Ihr Hund Ihre Hand mit der Pfote, loben Sie ihn und geben ihm das Futter, das Sie entweder in der Tasche oder in einem Behälter neben sich aufbewahren, mit der anderen Hand. Hat Ihr Hund diese Übung verstanden, öffnen Sie die Hand immer mehr, bis Ihr Hund seine Pfote in Ihre geöffnete Hand hineinlegt. Fügen Sie nun noch ein Signalwort wie „Gib Pfötchen“ oder „Guten Tag“ hinzu. Nach einigen Wiederholungen wird Ihr Hund bereits auf dieses Signalwort seine Pfote heben und Ihnen in die Hand legen.

Achten Sie beim Balancieren darauf, dass der Baumstamm breit genug ist und nicht wegrollen kann.

Das „Pfötchengeben“ ist ein eher einfacher Trick, den die meisten Hunde schnell lernen.

TOUCH

Eine Variante dieses Tricks ist das Touch auf den Fuß. Hat Ihr Hund das Pfötchengeben bereits erlernt, können Sie diesen Trick nutzen, damit er die Pfote auf Ihren Fuß legt. Stellen Sie sich dazu vor Ihren sitzenden Hund. Fordern Sie ihn zum Pfötchengeben auf und halten Sie ihm die Hand hin. In dem Augenblick, in dem Ihr Hund die Pfote hebt, nehmen Sie die Hand weg und heben das Bein. Halten Sie Ihrem Hund nun den Fuß hin. Sobald er diesen mit der Pfote berührt, auch wenn dies anfangs nur zufällig erfolgt, loben und belohnen Sie ihn. Nach einigen Wiederholungen lassen Sie die Hand als Hilfe weg und heben nur noch das Bein hoch. Sobald Ihr Hund verstanden hat, dass er Ihren Fuß mit seiner Pfote berühren soll, können Sie hierfür ein neues Signal einführen, wie z. B. „Pfote drauf". So kann Ihr Hund das Pfötchengeben und das Berühren Ihres Fußes eindeutig unterscheiden.

TRAINING MIT HILFE EINES PAPPSCHILDES

Alternativ können Sie das Signal „Pfote drauf" auch über ein Hilfsmittel wie ein Pappschild aufbauen. Bereiten Sie dazu ein kleines Schild (15 x 15 cm) aus fester Pappe vor, das sich gut vom Untergrund abhebt. Trainieren Sie entweder auf einem rutschfesten Untergrund wie einem Teppich oder kleben Sie das Schild mit Klebeband auf dem Boden fest. Lassen Sie Ihren Hund dabei zuschauen und kleben Sie das Schild genau zwischen sich und Ihren Hund. Geben Sie ihn nun frei. Vermutlich wird er jetzt erst einmal neugierig zum Schild hinlaufen. In dem Augenblick, in dem Ihr Hund sich mit dem Schild beschäftigt, loben Sie ihn z. B. mit dem Wort „Prima" und belohnen ihn mit Futter. Sie können für dieses Training natürlich auch den Clicker nutzen, wenn Sie diesen bereits konditioniert haben. Warten Sie nun darauf, dass Ihr Hund sich erneut mit dem Pappschild beschäftigt. Jede Annäherung, jedes Beschnüffeln, alles wird zunächst belohnt.

Auch das Signal „Pfote drauf" beherrscht Trick-Profi Ida zuverlässig. Sie berührt den Fuß dabei nicht nur kurz, sondern lässt die Pfote solange darauf, bis Susanne sie belohnt.

Drehungen um die eigene Achse eignen sich nur für Hunde, die keine gesundheitlichen Einschränkungen an der Wirbelsäule haben, wie es bei alten Hunden leider öfter einmal vorkommt.

Hat Ihr Hund verstanden, dass es auf eine Handlung mit dem Schild ankommt, belohnen Sie nur noch Aktionen mit der Pfote. Fügen Sie hier immer das Signal „Touch“ hinzu.

Sobald Ihr Hund verstanden hat, dass er die Pfote auf das Schild stellen soll, können Sie dieses Schritt für Schritt verkleinern bis auf eine Größe von wenigen Zentimetern. Kleben Sie dieses kleine Schild nun auf Ihren Fuß. Sobald Ihr Hund das Schild auf Ihrem Fuß berührt, reduzieren Sie es noch weiter, bis Ihr Hund Ihren Fuß auch ohne Schild berührt. Fügen Sie nun noch das Signalwort „Pfote drauf“ hinzu. Das Schild bzw. das Signal „Touch“ können Sie nun auch für den Aufbau weiterer Tricks, wie z. B. das Schließen von Türen oder Schubladen oder das Betätigen des Lichtschalters, nutzen. Da der Lichtschalter meist sehr hoch an der Wand angebracht ist, eignet sich dieser Trick in der Regel eher für große Hunde. Die Türe bzw. eine Schublade zu schließen, können aber fast alle Hunde lernen.

SICH DREHEN

Damit Ihr Hund lernt, sich einmal um sich selbst zu drehen, halten Sie ihm ein Futterstück vor die Nase. Ihr Hund sollte für diesen Trick vor Ihnen stehen. Führen Sie das Futter nun in Richtung der Schulter Ihres Hundes. Loben und belohnen Sie ihn, wenn er den Kopf Richtung Schulter nimmt, um dem Futter zu folgen. Führen Sie das Futter jetzt Schritt für Schritt immer weiter im Kreis, bis Ihr Hund sich einmal um sich selbst dreht. Im nächsten Schritt führen Sie Ihren Hund nur noch mit der Hand, die Belohnung gibt es nach der Drehung aus der anderen Hand. Reduzieren Sie das Führen immer mehr, bis daraus eine kleine Kreisbewegung und damit ein Signal geworden ist. Trainieren Sie beide Seiten und zeigen Sie die gewünschte Drehung dadurch an, dass Sie die Kreisbewegung Ihrer Hand einmal mit, einmal gegen den Uhrzeigersinn ausführen. Fügen Sie nun noch ein Hörzeichen hinzu, nutzen Sie hierzu auch unterschiedliche Signale wie z. B. „Twist“ und „Turn“.

Die 14 Jahre alte Mischlingshündin Dolly apportiert mit Leidenschaft ihren Futterbeutel, den ihr Frauchen zuvor im tiefen Gras für sie versteckt hat.

APPORTIERBEGEISTERTE SENIOREN

Viele Hunde lieben Beutespiele, sodass Sie diese natürlich auch mit Ihrem alten Hund durchführen können. Ballspiele mit viel Aktion sind jedoch nichts für alte Hunde, vor allem dann, wenn die Gelenke beeinträchtigt sind und bereits Arthrose vorhanden ist. Ständige Sprints sind dann Gift, aber vor allem das starke Abstoppen belastet die Ellenbogengelenke sehr. Auch Muskeln und Sehnen sind für einen so harten Einsatz nicht mehr geschaffen.

Aus diesem Grund eignet sich das Training an der Reizangel in der Regel gar nicht für alte Hunde, denn hier sind schnelle Sprints, abrupte Stopps und enge Wendungen eigentlich unvermeidbar.

BEUTESPIELE FÜR ALTE HUNDE

Verändern Sie Beutespiele daher, indem Sie den Gegenstand nicht mehr werfen und Ihren Hund direkt hinterherjagen lassen. Vielmehr muss er lernen, zu warten, bis Sie ihn losschicken. Bauen Sie dabei ruhig erst noch eine andere Übung, wie z. B. ein Stück Fußlaufen ein, damit Ihr Hund sich erst noch auf etwas anderes konzentrieren muss. In der Regel wird er nun nicht mehr mit Vollspeed loslaufen, sondern etwas gemäßigter. Werfen Sie den Gegenstand zudem nicht gut sichtbar auf eine kurz gemähte Wiese, sondern besser in hohes Gras oder in dichten Bewuchs. So kann Ihr Hund nicht bis kurz vor dem Gegenstand Gas geben, um dann erst über ihm hart abzubremsen. Er muss sich den Bereich merken, in den der Gegenstand gefallen ist und wird daher schon frühzeitig und langsam abbremsen, um nach diesem zu suchen. Alternativ können Sie den Gegenstand auch unter einem Hilfsmittel, wie z. B. einem Pylon, verstecken. Auch hier muss Ihr Hund nun früher abbremsen, um den Gegenstand unter dem Pylon hervorzuholen.

AUFBAU VON BEUTESPIELEN

Generell ist die Suche nach Gegenständen eine gute Beschäftigung für Hundesenioren. Sie müssen ihre Nase einsetzen, sich also geistig anstrengen, dürfen zudem aber ihre geliebte Beute suchen und dann auch apportieren. Verstecken Sie dazu zunächst einen, später auch mehrere Gegenstände in einem Gebiet mit hohem Bewuchs. Lassen Sie Ihren Hund anfangs dabei zuschauen, später soll er außer Sicht warten. Gehen Sie in das Gebiet hinein und bücken Sie sich mehrfach, als würden Sie den Gegenstand verstecken. Dabei dürfen Sie gern auch den Boden mit dem Gegenstand berühren, da dieser so eine Geruchsstelle hinterlässt und damit eine Verleitung für Ihren Hund geschaffen wird. Verstecken Sie nun den Gegenstand im hohen Gras oder hinter einem Gebüsch. Täuschen Sie danach aber noch ein paarmal das Verstecken an, damit Ihr Hund nicht lernt, dass er immer nur zum letzten Versteck laufen muss. Gehen Sie dann zu Ihrem wartenden Hund zurück und schicken Sie ihn mit einer Handbewegung in Richtung des Gebietes zur Suche. Als Hörzeichen können Sie z. B. das Wort „Such" verwenden.

VERSTECKEN VON MEHREREN GEGENSTÄNDEN

Hat Ihr Hund den Gegenstand gefunden und zurückgebracht, können Sie nun auch mehrere Gegenstände verstecken. Die Schwierigkeit liegt darin, dass Sie beim zweiten, dritten bzw. weiteren Gegenstand nicht mehr in das Suchengebiet hineingehen. Ihr Hund muss Ihnen nun also vertrauen und Ihnen glauben, dass noch weitere Gegenstände dort liegen. War auch diese Suche erfolgreich, können Sie die Gegenstände verstecken, ohne dass Ihr Hund dabei zuschaut. Nutzen Sie aber das Gebiet, das er schon kennt und in dem er schon mehrfach erfolgreich gesucht hat. Erst danach können Sie Ihre Gegenstände auch in Gebieten verstecken, die Ihr Hund nicht kennt und in denen Sie die Suche noch nie trainiert haben.

Damit Ihr Hund lernt, den unter einem Pylon versteckten Apportiergegenstand zu finden und zu bringen, legen Sie diesen zunächst nur halb, und damit gut sichtbar für Ihren Hund darunter.

Lina ist ganz stolz, wenn sie den Regenschirm von Herrchen auf dem Spaziergang tragen darf.

AUF ZERRSPIELE VERZICHTEN!

Viele Hunde, insbesondere Terrier, aber auch Schäferhunde oder Treibhunde, lieben Zerrspiele. Gibt es kein Problem damit, verbeißt sich Ihr Hund also nicht im Arm anstatt im Spielzeug, spricht gegen Zerrspiele grundsätzlich nichts. Wichtig ist hierbei immer, dass Ihr Hund auf Ihr Signal jederzeit, also auch dann, wenn er extrem hochgefahren ist, sofort loslässt und sich wieder entspannt. Bei alten Hunden sollte man lieber auf Zerrspiele verzichten. Die Zähne sitzen oftmals nicht mehr so fest, sodass es hierbei zu Verletzungen kommen kann. Zudem gehen die ruckartigen Bewegungen sehr auf die Gelenke. Muskeln und Bänder werden stark beansprucht, was im Alter schnell zu Verletzungen führen kann.

APPORTIEREN IM ALLTAG

Gerade alte Hunde sind stolz, wenn sie wichtige Aufgaben erledigen dürfen. Ist Ihr alter Hund apportierfreudig, können Sie ihm im Alltag viele kleine Aufgaben übertragen. Sie können ihn auf dem Spaziergang den Schirm ein Stück lang tragen lassen. Er kann auch die zusammengerollte Zeitung vom Kiosk oder aber die Brötchentüte vom Bäcker nach Hause tragen. Falls Sie Angst haben, dass die Zeitung bzw. Tüte sich durch den Speichel auflöst, können Sie die Einkäufe auch in eine Tragetasche packen. Es gibt sogar extra Tragetaschen für Hunde, die mit einem stabilen Griff ausgestattet sind, den der Hund gut ins Maul nehmen kann.

Auch bei der Gartenarbeit sind die Senioren gern behilflich. Lassen Sie Ihren alten Hund doch einfach einmal die Gießkanne nach dem Gießen, also natürlich ungefüllt, denn die gefüllte Gießkanne wäre viel zu schwer für einen alten Hund, wieder zurück zum Wasserhahn transportieren.

MOBILITY, DEGILITY UND HOOPERS

Besonders Hütehunde lieben es, beim Agility mit ihrem Menschen durch den Parcours zu fetzen. Doch viele hohe Sprünge belasten die Gelenke alter Hunde zu sehr. Auch Geräte wie die A-Wand, der Steg und die Wippe, die sogenannten Kontaktzonengeräte, können für den Senior schnell gefährlich werden. Rutscht er aus, tritt er daneben und stürzt von den Geräten, kann es zu schweren Verletzungen kommen. Natürlich können Sie die Stangen der Hürden niedriger auflegen, dennoch bleiben es Sprünge, die der Hund überwinden muss. Die Kontaktzonengeräte können Sie oft auch ein wenig niedriger stellen, dennoch haben sie eine Höhe, die für den alten Hund gefährlich werden kann. Der Slalom ist im Parcours für Senioren sogar auf Wettbewerben nicht mehr enthalten, da die Wirbelsäule durch das extreme und häufige Hin- und Herbiegen stark belastet wird. Lediglich die Tunnel sind für alte Hunde meist problemlos zu bewältigen.

Viele Hundesenioren sind eifrige Helfer im Alltag und bei der Gartenarbeit. Sie räumen Wäsche ein, bringen das Telefon oder tragen die Gießkanne mit großer Begeisterung.

MOBILITY

Beim Mobility kommt es darauf an, dass der Hund die Geräte möglichst korrekt absolviert, die Geschwindigkeit spielt dabei keine Rolle. Der Hund muss bei der Prüfung 12 von 15 Aufgaben bestehen. Die Aufgaben beinhalten dabei z. B. das Überwinden einer Schräge mit unterschiedlichen Bodenbelägen, das Sitzenbleiben in der vom Menschen geschobenen Schubkarre, das Bewältigen des festen Tunnels oder Sacktunnels und des niedrigen Laufstegs, das Sitzenbleiben auf dem Tisch und der Schaukel, das Apportieren eines Gegenstandes oder das Schicken auf ein Podest. In der Schweiz ist diese Hundesportart seit Langem weit verbreitet, es werden einige Prüfungen ausgerichtet. In Deutschland findet man nur vereinzelt Angebote, oft in Hundeschulen, bei denen das Training jedoch meist nicht auf das Ablegen der Prüfungen ausgerichtet ist, sondern auf den gemeinsamen Spaß beim Training.

DEGILITY

Beim Degility steht der gemeinsame Spaß beim Bewältigen des Parcours im Vordergrund, es besteht also überhaupt kein Leistungsgedanke. Der Parcours wird dabei jeweils an die Möglichkeiten des Hundes angepasst. Es gibt keine Sprünge oder steilen Wände, vielmehr sind die Geräte so ausgerichtet, dass durch das langsame Abarbeiten der Gleichgewichtssinn, der Muskelaufbau sowie -erhalt und die Koordination geschult werden. Dazu dienen Geräte wie das Labyrinth, die Hängebrücke oder das Wackelbrett.

Viele alte Hunde haben Spaß daran, Hindernisse zu überwinden oder zu durchlaufen. Der Tunnel eignet sich als Teil eines Parcours auch für körperlich eingeschränkte oder sehr alte Hunde.

HOOPERS

Relativ neu ist die Hundesportart Hoopers. Hier muss der Hund einen Parcours absolvieren, der aus aufgestellten Bögen sowie Pylonen und Tonnen, einem Gatter und einem kurzen Tunnel besteht. Der Hund muss durch den Bogen (Hoop) hindurchlaufen und die Tonnen bzw. Pylonen umrunden. Das Gatter wird ebenfalls umrundet, der 1 m lange Tunnel mit einem Durchmesser von 80 cm durchlaufen. Der Mensch steht in der Mitte des Parcours in einem vorgegebenen kleinen Feld, das er nicht verlassen darf. Er muss den Hund aus der Distanz führen und lenken. Damit ist diese Hundesportart durchaus sehr anspruchsvoll, gerade wenn die Parcoursverläufe schwieriger werden und viele Wechsel beinhalten. Für ältere Hunde ist dieses Training aber ideal, da keine Sprünge oder die Gelenke belastenden Geräte verwendet werden. Da der Mensch nicht mit seinem Hund mitlaufen muss, ist diese Beschäftigungsform zudem auch für Menschen mit Handicap oder ältere Menschen geeignet, die das Tempo, das beim Agility verlangt wird, nicht mehr laufen können. Damit Sie Ihren Hund im Hoopers durch einen Parcours führen können, muss er im Grunde genommen zwei Dinge beherrschen: Er muss die Hoops als Hindernis ansehen und durch diese, genauso wie durch den Tunnel, hindurchlaufen. Zudem muss er das Umlaufen von Pylonen, Tonnen und Gates lernen.

UMRUNDEN EINES PYLON

Damit Ihr Hund das Umlaufen der Hindernisse lernt, beginnen Sie das Training mit dem Pylon. Stellen Sie den Pylon direkt vor sich und Ihren neben Ihnen sitzenden Hund. Sitzt Ihr Hund links neben Ihnen, nehmen Sie nun ein Futterstück in Ihre linke Hand. Führen Sie ihn jetzt mit der linken Hand um den Pylon herum. In der Mitte der Umrundung übernimmt Ihre rechte Hand das Leckerli und Sie führen Ihren Hund damit weiter herum, bis er wieder bei Ihnen angekommen ist. Belohnen Sie Ihren Hund und wiederholen Sie diese Übung. Führen Sie die Übung auch mit dem rechts neben Ihnen sitzenden Hund aus, die Führtechnik muss dann entsprechend seitenverkehrt angepasst werden.

Im nächsten Schritt haben Sie kein Futterstück mehr in der Starthand, es befindet sich von Beginn an in der anderen Hand. Ihr Hund darf dieses jedoch nicht bemerken, halten Sie diese Hand also nicht vor seine Nase. Sitzt Ihr Hund links neben Ihnen, schicken Sie ihn mit der linken Hand in Richtung Pylon. Vermutlich wird er auf den Impuls des Schickens loslaufen. Bevor er noch verwundert stehen bleiben kann, weil sich kein Leckerli mehr in Ihrer Hand befindet, nehmen Sie ihn mit der rechten Hand, in der Sie das Leckerli halten, an und führen ihn um den Pylon herum. Schritt für Schritt nehmen Sie Ihren Hund nun immer später erst mit der rechten Hand an. Umrundet er den Pylon vollständig auf Ihr Signal hin, können Sie die Distanz zum Pylon erweitern. Natürlich müssen Sie auch diesen Trainingsschritt wieder auf beiden Seiten trainieren.

Entfernen Sie sich zunächst nur einen Schritt vom Pylon und schicken Sie Ihren Hund um den Pylon herum. Verbinden Sie nun das Handzeichen, also die auffordernde Handbewegung Richtung Pylon, mit dem Ausstellen des Fußes. Sitzt Ihr Hund links neben Ihnen, stellen Sie den linken Fuß nach vorne, in Richtung der linken Seite des Pylons. Sie können nun auch ein Hörzeichen hinzufügen, wie z. B. das Signal „Rum" oder „Außen". Vergrößern Sie die Entfernung im weiteren Training Schritt für Schritt, bis Ihr Hund auch aus einer Distanz von 15 bis 20 m den Pylon umrundet.

UMRUNDEN EINER TONNE

Trainieren Sie das Umrunden nun mit der Tonne. Als Tonnen können Sie einfach selbstaufstellende Gartensäcke aus dem Baumarkt nutzen. Diese können Sie nach dem Training platzsparend zusammenfalten und aufbewahren. Da die Säcke sehr leicht sind, sollten Sie einen Sandsack oder einen ähnlich schweren, aber nicht scharfkantigen Gegenstand in den Sack legen. So kann der Gartensack bei Wind nicht wegfliegen oder von stürmischen Hunden beim Umrunden verschoben werden. Das Umrunden der Tonne ist für den Hund schwieriger, da diese breiter und höher ist. Er kann Sie dabei für einen kurzen Augenblick nicht mehr sehen. Da er das Signal aber bereits vom Training mit dem Pylon kennt, wird es ihm leichtfallen, diese Übung nun auch an der Tonne auszuführen. Starten Sie aber dennoch erst einmal nahe an der Tonne und beginnen Sie wie bereits beschrieben mit den aufeinander aufbauenden Übungen. Sie können aber vermutlich viel schneller vorangehen als beim Training mit dem Pylon.

Im letzten Schritt können Sie nun noch das Umrunden des Gates, also des Gatters trainieren. Zwar ist dieses viel breiter als die Tonne, da es

Beim Hoopers lernt der Hund, einen Parcours aus Bögen, den „Hoops" und weiteren Hindernissen zu durchlaufen. Da keine Sprünge verlangt werden, eignet sich Hoopers auch für alte Hunde.

aber nur mit einem Netz bespannt ist, kann Ihr Hund Sie die ganze Zeit sehen und Sie können ihm dementsprechend mit Sichtzeichen helfen.

TRAINING MIT ZWEI PYLONEN

Nun können Sie zwei Tonnen oder Pylonen aufstellen. Stellen Sie sich zwischen die beiden Tonnen und schicken Sie Ihren Hund um die vor Ihnen stehende Tonne. Hat er die Tonne umrundet, drehen Sie sich mit ihm in Richtung der zweiten Tonne und schicken ihn mit Handzeichen, Hörzeichen und einem Schritt in Richtung der Tonne um die zweite Tonne herum. Belohnen Sie Ihren Hund, wenn er die Tonne umrundet hat und üben Sie das Umrunden der beiden Tonnen auf beiden Seiten, also so, dass Ihr Hund sowohl links als auch rechts von Ihnen startet. Später können Sie ihn die Tonnen auch mehrfach umrunden lassen, bevor er eine Belohnung erhält. Vergrößern Sie den Abstand, bis Sie Ihren Hund auch aus Distanz schicken können.

BELGISCHER WECHSEL

Alternativ können Sie nun noch einen Richtungswechsel üben. Stellen Sie sich dazu zwischen die Tonnen, Ihr Hund sitzt rechts neben Ihnen. Schicken Sie ihn mit dem rechten Arm und einem Schritt Ihres rechten Beins in Richtung der Tonne. Hat Ihr Hund die Tonne umrundet, drehen Sie sich nicht mit Ihrem Hund mit, sondern nehmen ihn mit der linken Hand an, führen ihn vor sich her und drehen sich dann gemeinsam mit ihm mit dem Uhrzeigersinn zur zweiten Tonne um. Ihr Hund befindet sich nach der Drehung an Ihrer linken Seite, sodass Sie ihn nun mit dem linken Arm und einem Schritt Ihres linken Beins um die zweite Tonne schicken können. Üben Sie den Wechsel auf beiden Seiten. Sie können nun auch zwischen einem Wechsel und dem einfachen Umrunden variieren, Ihr Hund muss sich also darauf konzentrieren, was Sie anzeigen. Dieser Wechsel entspricht beim Agility dem sogenannten „Belgischen Wechsel“.

Andrea schickt Jamie, der sich an ihrer rechten Seite befindet, mit der rechten Hand rechts um die Tonne.

Danach nimmt Andrea ihn mit ihrer linken Hand an und führt ihn dann vor sich her auf ihre linke Seite.

Nach dem belgischen Wechsel führt Andrea Jamie, der sich jetzt an ihrer linken Seite befindet, mit ihrer linken Hand linksherum um die Tonne.

UMRUNDEN AUS DER DISTANZ

Im letzten Schritt muss Ihr Hund noch lernen, die Tonnen aus der Distanz zu umrunden. Stellen Sie sich wieder zwischen die beiden Tonnen, jedoch nicht mehr genau mittig, sondern leicht versetzt zur gedachten Linie zwischen den Tonnen. Erweitern Sie den Abstand, bis Sie 10 bis 15 Schritte entfernt von dieser Linie stehen. Ihr Hund läuft nun also ein Dreieck. Sie schicken ihn schräg nach links bzw. rechts zur ersten Tonne, dann weiter geradeaus zur nächsten Tonne. Nach dem Umrunden der zweiten Tonne kommt er wieder zu Ihnen. Achten Sie jetzt darauf, Ihren Hund immer mit einem deutlichen Schritt und damit mit einer deutlichen Körperbewegung zur Tonne zu schicken. Dies darf nicht zu früh, aber auch nicht zu spät erfolgen, da Ihr Hund sonst zu Ihnen kommen wird, vor allem dann, wenn Sie einige Schritte von der Linie zwischen den beiden Tonnen entfernt stehen.

Sie können die Anzahl der Tonnen nun erweitern. Wenn Sie vier Tonnen aufstellen, können Sie sich in die Mitte dieses Vierecks stellen und Ihren Hund entweder ganz außen herumschicken oder aber auch zu sich herein und zur diagonal stehenden Tonne schicken bzw. hierbei noch einen Wechsel einbauen.

KLASSISCHER WECHSEL

Fortgeschrittene können noch einen weiteren Wechsel trainieren, der dem sogenannten „Klassischen Wechsel“ im Agility entspricht. Bei diesem Wechsel muss Ihr Hund lernen, vor Ihnen und von Ihnen weg auf die andere Seite zu wechseln. Daher wird hierfür oft das Signal „Weg“ genutzt. Setzen Sie Ihren Hund dazu z. B. links neben sich. Nehmen Sie ein Leckerli in Ihre rechte Hand. Führen Sie Ihren Hund mit dieser Hand nach vorne und dann in einem Kreisbogen von sich weg. In dem Augenblick, in dem der Hund sich gedreht hat, bekommt er das Futter. Hat Ihr Hund den Bewegungsablauf verstanden, nehmen Sie den Pylon zum Training hinzu. Stellen Sie sich etwa einen halben Meter vor den Pylon. Führen Sie Ihren links neben Ihnen sitzenden Hund mit der rechten Hand nach vorne, bis er sich zwischen Ihnen und dem Pylon befindet. Führen Sie ihn nun weiter nach vorne und lassen Sie ihn den Pylon von der rechten Seite aus umrunden. Bauen Sie die Hilfe mit der Hand immer weiter ab, bis Ihr Hund nur auf das Signal „Weg“ den Wechsel durchführt. Schritt für Schritt können Sie nun die Distanz zum Pylon vergrößern. Üben Sie auch diesen Wechsel wieder auf beiden Seiten.

Andrea schickt Jamie durch zwei hintereinander stehende Hoops hindurch.

Der Pylon hilft Jamie, die Hoops als Hindernis wahrzunehmen.

DURCHLAUFEN EINES HOOPS

Damit Ihr Hund lernt, die Hoops zu durchlaufen, setzen Sie ihn zunächst mittig vor einem Hoop ab. Stellen Sie sich auf die andere Seite und rufen Sie Ihren Hund durch den Hoop hindurch zu sich. Stellen Sie erst zwei, dann drei oder sogar vier Hoops in einem Abstand von 5 bis 7 m hintereinander auf und rufen Sie Ihren Hund durch die Hoops hindurch. Nun muss er noch lernen, von Ihnen weg die Hoops zu durchlaufen. Stellen Sie dazu einen Pylon direkt hinter den Hoop, direkt an die Seite des Hoops. Sitzt Ihr Hund links neben Ihnen, muss der Pylon sich auf der rechten Seite des Hoops befinden. Stellen Sie sich nun erst einen, später auch mehrere Meter mit Ihrem Hund hinter den Hoop. Geben Sie Ihrem Hund nun das Signal, den Pylon zu umrunden. Da er dieses Signal beherrscht, wird er den Pylon auch dann umrunden, wenn dieser neben dem Hoop steht. Damit durchläuft er aber auch automatisch den Hoop. Bauen Sie nun erst einen, dann immer mehr Hoops hintereinander auf und schicken Sie Ihren Hund zum Pylon. Dieser muss nun mehrere Hoops durchlaufen, bevor er den Pylon umrunden kann. Im Laufe des Trainings stehen Sie nun nicht mehr direkt neben Ihrem Hund, sondern erst einen, dann zwei und später immer mehr Schritte von Ihrem Hund entfernt. So lernt Ihr Hund, dass er die Signale auch dann ausführen soll, wenn Sie sich nicht direkt neben ihm befinden.

DURCHLAUFEN DES TUNNELS

Das Durchlaufen des Tunnels ist für die meisten Hunde kein Problem, da dieser sehr kurz und von großem Durchmesser ist. Setzen Sie Ihren Hund direkt vor dem Tunnel ab. Achten Sie dabei darauf, dass der Tunnel gesichert ist, also beim Durchqueren nicht wegrollt. Gehen Sie auf die andere Seite und beugen Sie sich ein wenig in den Tunnel hinein. Sie können Ihren Hund auch mit einem Spielzeug oder Futterstück in Ihrer Hand hindurchlocken. Im nächsten Schritt stellen Sie sich mit Ihrem Hund vor den Tunnel und schicken diesen durch den Tunnel hindurch. Sie können dazu anfangs ein Spielzeug oder Futterstück hindurchwerfen, oder aber es vorab hinter dem Tunnel platzieren. Fügen Sie ein Hörzeichen, wie z. B. das Signal „Durch" hinzu. Kombinieren Sie den Tunnel mit einem Pylon, den Sie 5 bis 7 m hinter dem Tunnel aufbauen. Stellen Sie den Pylon dazu mittig hinter den Tunnel. Einen solchen sogenannten „Wendepylon" soll der Hund umrunden, um danach das zuvor durchlaufene Gerät erneut zu durchlaufen.

Kombinieren Sie nun die Übungen an den Tonnen mit dem Durchlaufen von Hoops und Pylonen. Achten Sie darauf, dass Sie in der Mitte des Parcours stehen und Ihren Hund aus der Distanz führen. Bauen Sie zudem das Gatter und den Tunnel ein. Beispiele für Parcoursabläufe finden Sie vielfach im Internet. Steigern Sie aber auch hier die Schwierigkeit langsam und in kleinen Schritten.

Nicole Freitag mit Gaia

Gaia zog im Alter von 8 Wochen bei meiner damaligen Mischlingshündin Ronja und mir ein. Sie war anfangs mit anderen Hunden ziemlich unsicher und in ihrer Jugend zudem eher etwas ungeschickt. Sie wusste nicht so genau, wo sie anfängt und wo sie aufhört. Dementsprechend wedelte sie mit ihrer langen Rute einiges um und stieß mit ihrem Hintern oft gegen etwas. Das änderte sich aber bis zu ihrem 3. Geburtstag. Gaia entwickelte sich zu einer selbstbewussten, sicheren, souveränen Begleiterin.

Gaia begleitete mich überall hin und verhielt sich immer ruhig und entspannt. Sie konnte andere Hunde perfekt einschätzen und war mir bei meiner täglichen Arbeit als Hundetrainerin eine sehr große Hilfe. Die wundervolle Weiße Schweizer Schäferhündin kam sehr oft zum Einsatz, egal ob als Ablenkung für andere Hunde, bei aggressiven oder ängstlichen Hunden oder in der Welpenerziehung.

Wenn ich mich mit Gaia beschäftigte, war es ihr egal, was wir machten. Sie war immer in ihrem Element – Hauptsache, sie durfte etwas tun. Sie war eine Meisterin mit der Nase und apportierte einfach alles, angefangen von einem kleinen Würfel bis hin zu großen Taschen. Sie hetzte gern hinter der Reizangel her und liebte das Training im Wasser.

Auch Zuhause in unserem Rudel, das mittlerweile auf vier Hunde angewachsen war, blieb sie die unangefochtene Nummer eins. Als ältere Dame ließ sie zwar alles etwas ruhiger angehen, aber bis ins hohe Alter hinein spielte sie unheimlich gern mit den jungen Hunden wilde Rennspiele. Sie war der verfressene Ruhepol in unserem Rudel und bis zu ihrer Krebserkrankung mit 11,5 Jahren topfit. Sie hat bis zum Ende gekämpft und auch hier ihre unglaubliche Stärke bewiesen. Leider hat sie den Kampf verloren. Ich musste ihr kurz vor ihrem 12. Geburtstag die letzte Ehre erweisen und sie gehen lassen. Diese unglaublich tolle, einzigartige Hündin hat mir so viel bedeutet und wahnsinnig viel gegeben.

Nicole und Gaia haben sich auch ohne Worte verstanden und waren ein gut eingespieltes Team.

Ellen führt Carlino zunächst mit der Leine am Distanzkreis entlang. Sie läuft dabei innen im Kreis.

Nachdem Carlino es verstanden hat, kann Ellen ihn bereits ohne Leine am Distanzkreis entlangführen.

DISTANZTRAINING – TRAINING AM KREIS

Beim Distanztraining geht es ähnlich wie beim Hoopers darum, den Hund auf Distanz zu führen. Der Mensch steht in der Mitte und führt den Hund im Kreis um sich herum. Dabei soll der Hund Tempowechsel durchführen, also vom Schritt in den Trab und vom Trab in den Galopp bzw. umgekehrt. Richtungswechsel sowie das Anhalten gehören ebenfalls zu den Elementen des Trainings. Der Hund kann zudem Geräte wie einen Tunnel, Hoops oder Hürden durchlaufen bzw. überwinden, die in der Laufbahn des Hundes am Distanzkreis stehen. Fortgeschrittene Hunde werden dann an 2, 3 oder mehr Kreisen geführt. Dafür benötigen Sie jedoch eine ausreichend große Wiese, denn die Kreise sollten mindestens einen Durchmesser von etwa 10 m haben. Der Kreis kann durch im Boden steckende Heringe oder kurze Weidezaunpfähle, an denen Flatterband befestigt ist, abgesteckt werden. Diese Variante eignet sich vor allem für Anfänger, da der Hund hierbei eine deutliche Abgrenzung wahrnimmt und daher nicht so schnell in den Kreis hineinläuft. Alternativ bietet sich, vor allem für Fortgeschrittene, auch ein auf dem Boden liegendes Drainagerohr an. Profis trainieren nur noch mit einzelnen Pfosten oder einzelnen Markierungen am Boden oder sogar ganz ohne Hilfsmittel.

AUFBAU DES KREISES

Damit Ihr Kreis auch wirklich rund wird, nehmen Sie eine Schleppleine, die halb so lang wie der gewünschte Durchmesser Ihres Kreises ist, zu Hilfe. Befestigen Sie die Schleppleine an einem Hering in der Kreismitte und schlagen Sie nun mindestens 12 Heringe in gleichen Abständen jeweils am anderen Ende der Schleppleine in den Boden. Die Schleppleine funktioniert hier also wie ein Zirkel. Achten Sie darauf, die glatte Seite des Herings nach außen zu richten, damit Ihr Hund im Training nicht am Hering hängen bleibt. Die Heringe sollten etwa 30 cm lang sein und ca. 20 cm aus dem Boden herausschauen. Am oberen Ende der Heringe befestigen Sie nun das Flatterband. Den Hering in der Mitte und die Schleppleine können Sie entfernen.

TRAINING AN DER LEINE

Beginnen Sie das Training nun, indem Sie Ihren angeleinten Hund am Kreis entlangführen. Die Leine

Ellen geht im Laufe des Trainings immer mehr in Richtung Mitte des Kreises, bis sie Carlino letztlich von der Mitte aus um den Distanzkreis herumführen kann.

sollte vor allem bei stürmischen Hunden am Geschirr befestigt sein, damit Ihr Hund keinen Ruck am Hals bekommt. Stellen Sie sich nun in den Kreis und setzen Sie Ihren Hund neben sich, aber außerhalb des Kreises. Sie können dazu gern zunächst die Seite auswählen, die Ihnen und Ihrem Hund mehr liegt, also Ihre sogenannte „Schokoladenseite“. Das Flatterband soll sich jetzt also genau zwischen Ihnen beiden befinden. Nach einem Startsignal, wie z. B. „Go“, laufen Sie los und führen Ihren Hund neben sich her. Laufen Sie anfangs noch nicht so schnell, Ihr Hund muss erst einmal lernen, dass er nicht zu Ihnen in den Kreis laufen, sondern Sie hinter dem Band begleiten soll. Steigern Sie langsam die Geschwindigkeit und trainieren Sie dann auch die andere Seite.

FÜHREN MIT FÜHRHAND UND GEGENHAND

Hat Ihr Hund verstanden, was Sie von ihm möchten, können Sie die gleichen Übungen ohne Leine trainieren. Jetzt wird es wichtig, Ihren Hund mit Hilfe Ihres Körpers sowie mit Sichtzeichen zu führen. Zu Beginn eignet sich in der Regel die Hand als Sichtzeichen, die sich auf der Seite befindet, an der Ihr Hund läuft, die sogenannte Führhand. Wenn Sie die Führhand nutzen, läuft Ihr Hund automatisch seitlich neben oder sogar leicht hinter Ihnen. Beim Führen mit der anderen Hand, der sogenannten Gegenhand, drehen Sie sich automatisch leicht zum Hund hin, Ihr Hund lauft also immer ein wenig vor Ihnen. Aus diesem Grund ist das Führen mit der Gegenhand zu Beginn kaum möglich, da Sie dann so verdreht wären, dass Sie über Ihre eigenen Füße stolpern würden. Zudem veranlasst die starke Drehung mit dem Oberkörper den Hund sehr häufig dazu, zu Ihnen in den Kreis zu laufen. Dies ist aber genau das, was Sie nicht möchten.

Um das Führen mit beiden Händen wirklich sinnvoll einsetzen zu können, müssen Sie zunächst Distanz aufbauen. Können Sie Ihren Hund von der Mitte aus führen, so können Sie mit der Führhand die Geschwindigkeit des Hundes steigern. Da Sie ihm den Rücken zuwenden, wird er bemüht sein, schneller zu laufen, um Ihre Drehung mitmachen zu können. Mit der Gegenhand können Sie die Geschwindigkeit Ihres Hundes reduzieren. Das Zuwenden der Körperfront bremst den Hund, es ist ein stoppendes Signal. Soll Ihr Hund anhalten, stellen Sie sich vollständig frontal zu ihm hin.

DISTANZ AUFBAUEN

Hunde, die gern laufen, kann man einfach durch das Führen über mehr Geschwindigkeit an die größere Distanz gewöhnen. Läuft Ihr Hund in einer höheren Geschwindigkeit, vergrößern Sie die Distanz, indem Sie immer wieder einmal abkürzen und ein wenig in Richtung Kreismitte mitlaufen. Dies steigern Sie so lange, bis Sie mitten im Kreis stehen. Strecken Sie dabei die Führhand deutlich nach außen, sodass Ihr Hund Ihnen nicht Richtung Kreismitte folgt.

TRAINING MIT EINEM ZIELGEGENSTAND

Alternativ können Sie auch mit einem Ziel arbeiten. Lassen Sie Ihren Hund dazu am Kreis absitzen und warten. Legen Sie nun ein Spielzeug oder auch eine mit einem Leckerli befüllte Futterschüssel einen Achtelkreis weiter den Kreis entlang hin. Stellen Sie sich anfangs noch neben Ihren Hund, später dann immer weiter Richtung Kreismittelpunkt, und schicken Sie ihn mit der Führhand und dem Signal „Go" zum Spielzeug bzw. zur Schüssel. Hierbei besteht bei der Schüssel der Vorteil, dass der Hund das Leckerli frisst und danach nicht zwingend die Idee hat, zu Ihnen in den Kreis zu kommen.

Beherrscht Ihr Hund dagegen das Apportieren, wird er, sobald er den Gegenstand erreicht und aufgenommen hat, natürlich zu Ihnen kommen wollen. Sie müssen dann rechtzeitig wieder zu Ihrem Hund an den Kreis gehen. Stellen Sie die Schüssel jetzt immer weiter entlang des Kreises, sodass Ihr Hund einen Viertelkreis, einen Halbkreis und irgendwann fast einen vollständigen Kreis laufen muss. Dadurch, dass er mit dem Ziel beschäftigt ist, wird es ihn nicht so sehr ablenken, wenn Sie sich währenddessen immer mehr der Mitte annähern. Später bauen Sie das Ziel wieder ab.

Im ersten Schritt täuschen Sie dazu an, dass Sie eine Beute ausgelegt haben. Schicken Sie Ihren Hund mit „Go" los. Sobald er ein Stück entlang des Kreises gelaufen ist, werfen Sie die Beute, die Sie in der Gegenhand halten, also so, dass Ihr Hund diese außen am Kreis nicht vor dem Wurf wahrnehmen kann. Später brauchen sie dann nicht mehr anzutäuschen, sondern schicken Ihren Hund direkt mit „Go" los und belohnen Ihn dann nach einem immer länger werdenden Lauf mit dem Werfen der Beute. Achten Sie bitte aber immer darauf, dass Sie die Beute nach außen werfen, sodass Ihr Hund dabei nicht in den Kreis hineinkommt.

FORTGESCHRITTENES TRAINING

Sobald Sie in der Mitte stehen und Ihren Hund in beiden Richtungen führen können, sind Ihre Trainingsmöglichkeiten sehr variabel. Verändern Sie durch das Führen mit Führ- und Gegenhand die Geschwindigkeit oder bauen Sie einen Stopp und danach einen Richtungswechsel ein. Fortgeschrittene Hunde können den Richtungswechsel auch ohne Stopp durchführen. Achten Sie dabei darauf, dass Ihr Hund lernt, diesen vom Kreis weg durchzuführen, da sonst die Gefahr besteht, dass er in den Kreis hineinläuft. Für alle Tempowechsel sowie das Stoppen und den Richtungswechsel können Sie zusätzlich nun auch Hörzeichen hinzufügen. Allerdings werden Sie schnell merken, dass Ihr Hund sich bei diesem Training hauptsächlich auf Ihre Körpersprache konzentriert, die Hörzeichen spielen für ihn nur eine untergeordnete Rolle.

Hündin Luna ist mit ihren 10 Jahren richtig aktiv, sie gehört noch lange nicht zum „alten Eisen".

Denise Behrend mit Luna

Mein Leben waren die Pferde, mein größter Wunsch ein eigener Hund und dieser sollte natürlich ein richtiger Stallhund sein – ein Jack Russell Terrier. Dass diese Rasse nicht einfach ist, war mir bewusst und vollkommen klar, doch nichts brachte mich von meinem Wunsch ab, einen Jack Russell Terrier mein Eigen zu nennen. Kurz vor Ende meiner Ausbildung zur Pferdewirtin erfüllte ich mir diesen großen Wunsch.

Endlich war es so weit und Luna kam nach Hause. Keine Handfläche groß, hatte sie schon Pep wie eine ganz Große. Selbstbewusst und stur, ein richtiger Jack Russell eben. Von diesem Zeitpunkt an war an Ruhe nicht mehr zu denken. Auch nach einem 12-Stunden-Tag im Reitstall dachte sie noch lange nicht ans Schlafen und ich musste sie oftmals zur Ruhe „zwingen". Wenn es nach ihr gegangen wäre, hätte sie rund um die Uhr gespielt. Manchmal versuchte sie, sich selbstständig zu machen, um die Welt allein zu erkunden, und dabei ihren sturen Kopf durchzusetzen.

Luna war 3 Jahre alt, als ich aufgrund gesundheitlicher Probleme von meinem Traumjob in einen Bürojob wechseln musste. Den ganzen Tag im Büro liegen und sich ruhig verhalten, kannte sie nicht – und das war anfangs auch gar nicht ihr Ding. Ließ ich sie allein im Büro zurück, schrie und jaulte sie – bis ich zurück war. Heute verschläft Luna den größten Teil der Zeit und ein Telefonat wird nur deshalb manchmal schwierig, weil sie teilweise so laut schnarcht oder träumt, dass man den Gesprächspartner kaum verstehen kann.

Doch Luna ist auch allgemein in den letzten Jahren deutlich ruhiger geworden. Große Spaziergänge müssen nicht mehr unbedingt sein – stehen bleiben und ein grimmiger Blick sollen mir klarmachen, wenn sie keine Lust auf einen Spaziergang hat. Manchmal habe ich dabei das Gefühl, dass mit dem Alter ihr kleiner Sturkopf wieder zurückkehrt. Aber immer wieder gibt es auch Tage, da will sie spielen, läuft vorneweg und hat Spaß, zum alten Eisen gehört sie noch lange nicht!

Wo sie früher noch jede Möglichkeit nutzte, mit mir gemeinsam auf der Couch zu kuscheln, zieht sie sich heute jedoch oftmals abends ins Schlafzimmer zurück und will ihre Ruhe. Daran merke ich dann, dass sie jetzt mit Ihren 10 Jahren zu den Senioren gehört. Ich kann es manchmal kaum glauben: 10 Jahre gehen wir nun Seite an Seite und ich hoffe auf noch viele gemeinsame Jahre bis zu ihrem letzten Atemzug. Ich bin mir sicher, dass sie ihre Sturheit nicht verliert, aber immer der liebenswerte Hund bleibt, der sie ist. Meine Oma, mein Herzenshund!

Jack Russell Terrier Luna weiß genau, was sie will, auch wenn sie mittlerweile etwas ruhiger geworden ist.

Physiotherapie für Hunde

Die physiotherapeutische Behandlung Ihres Hundes sollte nur von einem ausgebildeten Physiotherapeuten durchgeführt werden.

Beim Menschen ist es längst selbstverständlich, dass bei Gelenkserkrankungen, aber auch nach Operationen oder einer überstandenen Krankheit eine physiotherapeutische Behandlung den Heilungserfolg unterstützt. Man unterscheidet dabei zwischen aktiver und passiver Physiotherapie. Die aktive Therapie besteht aus Bewegungsübungen, bei denen der Hund aktiv mitmacht. Bei der passiven Therapie dagegen wird der Hund vom Physiotherapeuten behandelt, ohne selbst aktiv zu werden. Ziele der aktiven Therapie sind vor allem Muskelaufbau, Beweglichkeit sowie die Steigerung von Koordination sowie Kooperation. Trainiert wird dabei z. B. am Unterwasserlaufband, aber auch auf dem Wackelbrett oder beim Cavalettitraining. Zur passiven Therapie gehören neben Massagen und Dehnübungen auch Elektro-, Magnetfeld- und Lasertherapie sowie viele weitere Behandlungsformen.

Die physiotherapeutische Behandlung Ihres Hundes sollte immer nur von einem ausgebildeten Physiotherapeuten, in Absprache mit dem behandelnden Tierarzt, durchgeführt werden!

Allerdings können Sie viele Übungen auch selbst zu Hause mit Ihrem Hund durchführen. Schon der mehrfache Positionswechsel vom Sitz ins Platz oder ins Steh kräftigt die Vorder- bzw. Hinterbeinmuskulatur. Das Laufen über eine nicht vollständig aufgepumpte Luftmatraze fördert die Koordination und Beweglichkeit Ihres Hundes. Auch Cavalettitraining lässt sich hervorragend im eigenen Garten durchführen. Bitte sprechen Sie diese Übungen aber immer vorab mit Ihrem Tierarzt bzw. Physiotherapeuten ab. Lassen Sie sich genau zeigen, welche Übungen bei Ihrem Hund sinnvoll sind und von Ihnen zu Hause durchgeführt werden können.

Viele Übungen aus dem physiotherapeutischen Bereich sind generell für alte Hunde geeignet, auch wenn diese an keiner Krankheit leiden, also nicht in physiotherapeutischer Behandlung sind. Dazu gehört zum einen das Training im Wasser, aber auch das Cavalettitraining.

Die meisten Hunde genießen die Massage bei der physiotherapeutischen Behandlung.

Bei der Akkupunktur muss der Hund stillhalten, während die Akkupunkturnadeln gesetzt werden.

Hunde, die gern ins Wasser gehen, wie der 8 Jahre alte Deutsch Kurzhaar-Rüde Balu, lieben es auch im Alter noch, das Dummy aus dem Wasser zu apportieren.

TRAINING IM WASSER

Viele Hunde lieben es, am und im Wasser herumzutollen. Wenn Ihr Senior Zeit seines Lebens eine solche Wasserratte war, spricht grundsätzlich nichts dagegen, dass er auch im Alter schwimmen und planschen darf. Doch es gibt einige Punkte zu beachten, die in jungen Jahren nicht so wichtig sind.

BADEN IN DER KALTEN JAHRESZEIT

Im Sommer und in der warmen Jahreszeit spricht meist nichts dagegen, wenn sich auch Ihr Senior im kühlen Wasser erfrischt. Ist es dagegen schon herbstlich kalt oder herrschen sogar Minustemperaturen im Winter, sollten alte Hunde nicht draußen baden. Sowohl das Wasser in Flüssen und Bächen als auch in den Seen oder im Meer sind zu dieser Jahreszeit sehr kalt. Kälte in Kombination mit Feuchtigkeit ist jedoch z. B. gerade bei Arthrose nicht zu empfehlen. In jedem Fall sollten Sie Ihren alten Hund nach dem Wasserspaß gut abtrocknen. Ideal sind hierfür spezielle Hundetrockentücher, die, wenn sie einmal nass sind, fast sämtliche Nässe aus dem Hundefell herausholen. Danach darf Ihr Senior gern auch erst einmal in einen Hundebademantel eingepackt werden, bis er wieder ganz trocken und warm ist.

FLIESSENDES GEWÄSSER

Bei fließenden Gewässern sollten Sie die Strömung genau überprüfen. Alte Hunde haben bei stärkerer Strömung oftmals nicht mehr die Kraft, dagegen anzuschwimmen und werden im schlimmsten Fall abgetrieben. Sie müssen zudem darauf achten, dass der Einstieg möglichst flach ist. Ein zu steiles Ufer kommt Ihr Senior zwar noch hinunter, aber

Ein Bademantel hilft im Herbst/Winter dabei, dass der Senior nicht auskühlt.

aus dem Wasser herauszukommen fällt ihm dann schwer, da die Muskeln der Hinterhand oft stark abgebaut sind. Auch wenn es Ihrem alten Hund dann irgendwann gelingt, ans Ufer bzw. aus dem Wasser herauszukommen, hatte er mit Sicherheit viel Stress und ist danach erschöpft. Schafft er es nicht mehr ans Ufer, müssen Sie u. U. sogar selbst ins Wasser springen und den Senior an Land ziehen. Sicherheitshalber können Sie Ihrem alten Hund daher zum Schwimmen eine Schwimmweste anziehen. Selbst wenn er dann nicht mehr gegen die Strömung anschwimmen kann, besteht erst einmal keine Lebensgefahr, da er nicht untergehen kann. Denn der alte Hund ist natürlich viel schneller erschöpft als ein junger, körperlich fitter Hund!

TRAINING DER MUSKULATUR

Schwimmen ist für Hunde jedoch eine gute Möglichkeit, Muskeln aufzubauen und die Kondition zu stärken. Das Wasser trägt durch seine Auftriebskraft den ganzen Körper, sodass die Gelenke entlastet werden. Daher eignet sich das Schwimmen auch für Hunde mit Gelenksproblemen. Wer ganzjährig seinem Senior diese Beschäftigungsform bieten möchte, kann die immer häufiger angebotenen Hundeschwimmbäder nutzen, die insbesondere von größeren Physiotherapiepraxen angeboten werden. Vorteil ist hier, dass wetterunabhängig trainiert werden kann, da sowohl die Umgebungsluft als auch die Wassertemperatur kontrolliert werden. Manche Hunde haben dabei einfach Spaß an der Bewegung und am gemeinsamen Schwimmen mit dem Halter oder dem Therapeuten, andere Hunde können nur über Beute, die ins Wasser geworfen wird, zum Schwimmen motiviert werden.

Wenn Ihr Senior das Wasser meidet, sollten Sie ihn niemals dazu zwingen, hineinzugehen. Gerade alte Hunde, die körperlich nicht mehr fit sind, gehen nicht mehr gern ins tiefe Wasser hinein, da sie wissen, wie anstrengend es ist, und dass sie gegebenenfalls nicht wieder herauskommen. Suchen Sie dann ein nicht so tiefes Gewässer auf, sodass Ihr Senior im seichten Wasser planschen kann.

Doch auch alte Hunde können das Schwimmen noch erlernen. Unter Umständen brauchen Sie viel Geduld, bis der Senior sich traut, einen Versuch ist es aber in jedem Fall wert. Beginnen Sie das Training an einem stehenden Gewässer, also einem See, mit seichtem Einstieg. Im Sommer können Sie einfach selbst ein Stück weit in den See hineingehen und Ihren Vierbeiner motivieren, Ihnen zu folgen. Schritt für Schritt wagen Sie sich dann immer weiter, bis Sie gemeinsam mit Ihrem Hund schwimmen. Alternativ können Sie ihm auch Futter ins Wasser werfen, das er herausholen soll. Dazu benötigen Sie natürlich leichtes Futter, das auf dem Wasser schwimmt, wie z. B. klein geschnittene Stückchen getrocknete Lunge. Natürlich können Sie auch das Lieblingsspielzeug Ihres Hundes nutzen. Aber Achtung, wenn Sie dieses weiter werfen, als Ihr Hund sich hineintraut, haben Sie u. U. das Problem, dass Sie, ohne selbst ins Wasser zu gehen, nicht mehr drankommen. Binden Sie daher das Spielzeug einfach an eine Schnur. Traut sich Ihr Senior doch nicht wie erwartet ein Stück weiter ins tiefere Wasser hinein, können Sie das Spielzeug einfach wieder ein Stück heranziehen.

Eine Schwimmweste unterstützt den alten Hund bei längeren Schwimmstrecken.

CAVALETTITRAINING

Cavaletti sind im Grunde genommen einfach nur Stangen, die leicht erhöht über dem Boden auf seitlich stehenden Auflagen liegen. Im Handel gibt es hierfür mit Löchern versehene Pylonen, sodass die Höhe individuell je nach Hund eingestellt werden kann. Die Stange sollte beim Cavalettitraining nicht höher als das Vorderfußwurzelgelenk (Carpalgelenk) des Hundes liegen, bei alten Hunden empfiehlt sich sogar eine etwas geringere Höhe. Da der Hund beim Cavalettitraining oft angeleint geführt wird, eignen sich hohe Ständer, wie es sie beim Agility gibt, nicht, da dann die Gefahr besteht, dass man mit der Leine am Ständer hängen bleibt. Die Stange sollte locker auf der Auflage aufliegen, damit sie herunterfällt, wenn der Hund die Stange berührt. An einer fest aufliegenden Stange könnte sich der Hund sonst verletzen.

Cavalettitraining kann als Basis für ein Sprungtraining, also als Vorbereitung für Agiltytraining, aber auch zum Kraftaufbau oder Koordinationstraining genutzt werden.

AUFBAU DES TRAININGS

Der Hund soll die Stangen im Schritt oder Trab überqueren, dabei soll er jeweils eine Pfote in den Zwischenraum der Cavaletti setzen. Aus diesem Grund muss der Abstand der Cavaletti im Schritt kleiner sein als im Trab. Zudem muss er je nach Größe des Hundes angepasst werden. Am besten probieren Sie einfach einmal aus, in welchem Abstand Ihr Hund die Cavaletti problemlos überquert. Haben Sie den idealen Abstand gefunden, messen Sie ihn am besten aus und merken sich den Abstand, sodass Sie zukünftig beim Aufbau die Cavaletti direkt im richtigen Abstand zueinander hinstellen können. Sie können den idealen

Das Überqueren der Cavaletti erfordert viel Konzentration beim Hund, denn er muss jeden Fuß mit Bedacht aufsetzen, um keine Stange herunterzuwerfen.

Viele Alltagsgegenstände eignen sich auch für das Training mit Ihrem Hund. Hier führt Nicole die 12 Jahre alte Weiße Schweizer Schäferhündin Gaia über eine am Boden liegende Leiter.

Abstand auch messen, indem Sie Ihrem Hund die Pfoten nass machen, und ihn dann einmal im Schritt, einmal im Trab über trockenen Asphalt laufen lassen. Messen Sie dann den Abstand der so entstandenen Pfotenabdrücke.

Zu Beginn sollten Sie Ihren Hund an der Leine über die Cavaletti führen, damit er lernt, diese langsam und konzentriert zu überwinden. Er soll jede Pfote einzeln und bewusst heben und absetzen. Aus diesem Grund ist das Cavalettitraining vor allem für alte Hunde sehr anstrengend und sollte nicht zu lange durchgeführt werden. Später sollte der Hund die Cavaletti jedoch frei laufend überwinden, da die Leine auch immer eine gewisse Einschränkung bedeutet. Der Hund soll sich aber durch das Training seines Körpers bewusst werden, und dies geht am besten frei laufend. Locken Sie den Hund nicht mit einem Futterstück in der Hand über die Cavaletti, da dieser dann den Kopf seitlich zu Ihnen verdrehen wird. Damit läuft er aber nicht mehr gerade gerichtet, zudem sieht er nicht, wann das nächste Cavaletti kommt. Häufig wird empfohlen, dem Hund anfangs hinter jedes Cavaletti, später hinter die gesamte Reihe der Cavaletti ein Leckerli zu legen, damit dieser gerade und mit nach unten ausgerichtetem Kopf die Cavaletti überquert. Dies führt bei stark futtermotivierten Hunden jedoch dazu, dass sie sich nicht mehr auf die Cavaletti konzentrieren, sondern nur noch so schnell wie möglich an das Futter gelangen wollen bzw. eine Suche starten. Diese Hilfe bewirkt also oft das Gegenteil von dem, was man eigentlich möchte.

Starten Sie zunächst mit einem, dann mit 2, 3 und später auch bis zu 6 Cavaletti, die Sie in einer Reihe hintereinander aufbauen. Mehr als 6 Cavaletti hintereinander sollten Sie aber nicht aufstellen, da dies für Ihren Senior zu anstrengend ist.

Wer keine Cavaletti zur Verfügung hat, kann den Senior auch über eine am Boden liegende Haushaltsleiter führen. Bitte achten Sie aber darauf, dass die Leiter fest liegt und nicht verrutschen kann.

Sabine Schnapp mit Sarah und Moses

Sarah kam im Alter von 12 Wochen zu uns, sie war ein Mischling aus Jack Russell und Münsterländer. Sie stammte aus einem ungeplanten Wurf, die Hündin war während der Läufigkeit durch die offene Tür geflüchtet und zum Nachbarsrüden gelaufen, ein „Kind der Liebe" also. Sarah wurde in eine Familie mit 4 Kindern geboren, dadurch war sie schon gut mit Kindern und Alltagsgeräuschen bzw. -situationen sozialisiert. Ihre jagdliche Passion hat sie – entsprechend ihrer Rasseveranlagung – sehr schnell unter Beweis gestellt: Kein Mauseloch war vor ihr sicher! Dabei hüpfte sie wie ein Känguru über die Wiesen, oft noch mit der erlegten Beute im Maul, um diese dann an einem ruhigen Ort zu verspeisen. Tricktraining liebte sie genauso wie Apportierspiele, mit denen man sie jagdlich gut auslasten konnte.

Für lange Spaziergänge ist die Mischlingshündin Sarah mit ihren 17 Jahren nicht mehr zu haben.

Als Sarah 3 Jahre alt war, zog Moses bei uns ein. Die Hündin eines Arbeitskollegen hatte Welpen bekommen. Ich wollte nur mal hin, um die Welpen anzuschauen. Ja klar, nur angucken ... Ich hatte mich sofort in einen kleinen Rüden verliebt. Und da dieser kleine Rüde ganz anders aussah als seine Geschwister und immer allein gespielt hat, bekam er den Namen Moses. Moses war ein Mischling aus Border Collie/Labrador (Mutter) und Jack Russell/Schafpudel (Vater), doch wirklich ansehen konnte man ihm keine dieser Rassen. Aber das war auch egal, er sah einfach lustig aus. Da Moses auf einem Bauernhof im Stall geboren und aufgewachsen war, zeigte er sich mit vielen Alltagssituationen nicht sehr vertraut und war häufig eher unsicher. Auch er war, genauso wie Sarah, jagdlich ambitioniert und fand Mäuse einfach toll. Aber auch Kaninchen und Rehe waren für ihn spannend, weshalb ich ihn oft an der Schleppleine führen musste. Moses apportierte zwar auch, aber wenn ich ihm eine Fährte legte, war er in seinem Element.

Das Zusammenleben mit den beiden Hunden war eine große Bereicherung, so ähnlich bzw. unterschiedlich sie auch waren. Moses wollte es einem immer recht machen, er war immer der Erste, wenn es darum ging, Signale auszuführen. Selbst wenn man eigentlich Sarah ein Signal gab, führte Moses dieses schon aus, während Sarah noch überlegte, ob es sich überhaupt lohnt und es vielleicht ein tolles Leckerchen zur Belohnung gibt.

Im Laufe der Jahre wurden die beiden immer älter, bis man sie schließlich zu den Senioren zählen konnte. Sie verloren nach und nach ihr Augenlicht und ihr Gehör,

Sarah und Moses leben als Senioren-WG bei Sabine. Mit 17 und 14 Jahren gehören sie zu den wirklich alten Hunden.

wie es häufig bei alten Hunden vorkommt. Moses machte dies jedoch schwer zu schaffen, da er ja als gesunder Hund schon eher unsicher war. Dann noch seine wichtigsten Sinne zu verlieren, machte es für ihn doppelt schwer. Doch da wir eine wirklich gute Bindung zueinander hatten, orientierte er sich im Alter immer mehr an mir und entfernte sich kaum noch. Zwar musste er nun aufgrund seines Jagdverhaltens nicht mehr an der Schleppleine laufen, ich musste ihn jedoch weiterhin angeleint führen, einfach, damit er nicht verloren ging. Mich hat es aber immer wieder sehr berührt, zu erleben, wie eng Moses sich an mich gebunden hatte, wie sehr er mir vertraute und wie oft ich für ihn der sichere Hafen war.

So gingen viele schöne Jahre mit glücklichen Zwei- und Vierbeinern ins Land. Doch irgendwann ist es dann so weit, und man muss loslassen ... zuerst mussten wir uns von Sarah im stolzen Alter von 17 Jahren verabschieden, Moses ging fast genau ein Jahr später im Alter von 14 Jahren. Da ich so viel Zeit mit zwei alten Hunden verbringen durfte, schlägt mein Herz auch heute noch für die Seniorhunde. Sie haben einfach diesen gewissen Charme, dem man schwer widerstehen kann. Ich weiß, dass es nicht selbstverständlich ist, so viel Zeit mit seinem Hund verbringen zu dürfen, viele Freunde mussten ihre vierbeinigen Partner schon viel früher gehen lassen. Dass ich dies direkt zweimal erleben durfte, macht mich sehr dankbar.

Die meisten Hunde genießen es, verwöhnt zu werden. Machen Sie es Ihrem Senior auf einer weichen Decke gemütlich und streicheln und kraulen Sie ihn ausgiebig.

MASSAGE FÜR HUNDE

Auch wenn Ihr alter Hund keine großen gesundheitlichen Probleme hat, sodass er eine physiotherapeutische Behandlung benötigt, können Sie ihn dennoch mit Fellpflege, Streicheleinheiten und Massage verwöhnen. Die meisten Hunde genießen diese gemeinsamen Kuschelstunden mit ihren Menschen sehr. Grundsätzlich sollten Sie aber auch hierbei darauf achten, dass Ihr Hund sich wirklich wohlfühlt und die Zeit genießt. Verspannt er sich, beginnt er zu hecheln und zu gähnen oder versucht er sogar aufzustehen und wegzukommen, sollten Sie die Maßnahme abbrechen. Überprüfen Sie dann, ob Sie die Umgebung verändern müssen, indem Sie ihm eine weichere und bequemere Unterlage hinlegen oder in eine ruhigere Umgebung ausweichen. Laufen ständig Familienmitglieder oder sogar Besucher vorbei, wird Ihr Hund kaum entspannen.

Geräuschempfindliche Hunde können darauf reagieren, wenn draußen großer Lärm herrscht oder gerade ein Gewitter aufzieht. Verschieben Sie das Verwöhnprogramm dann lieber auf einen späteren Zeitpunkt. Auch Sie selbst sollten nicht gestresst sein und sich wirklich ausreichend Zeit für Ihren Hund nehmen. Haben Sie nur 5 Minuten bis zum nächsten Termin, ist Ihr Hund vermutlich gerade erst zur Ruhe gekommen, wenn Sie schon wieder wegmüssen. Konzentrieren Sie sich wirklich ausschließlich auf Ihren Hund. Wenn Sie nebenbei noch eine Fernsehsendung schauen, bekommen Sie gar nicht mit, was Ihrem Hund gefällt und was er als unangenehm empfindet. Gerade das ist aber entscheidend, denn schließlich soll Ihr Hund sich hierbei wohlfühlen.

Natürlich dürfen Sie gern ruhige Musik abspielen und auch das Licht etwas dimmen. Vor allem die Abendstunden eignen sich oft für solche Verwöhneinheiten, da der Hund dann ausgelastet und müde ist und eher für längere Zeit ruhig liegen bleibt. Und auch die Menschen sind nicht mehr so angespannt, da keine Termine mehr anstehen und alle Arbeiten für den Tag erledigt sind.

AUS FELLPFLEGE WIRD MASSAGE

Kennt Ihr Hund ein Signal, um sich auf die Seite zu legen, können Sie ihn damit auf die vorbereitete Matte schicken. Alternativ setzen Sie sich selbst auf die Matte und rufen Ihren Hund zu sich. Fordern Sie ihn auf, sich neben Sie zu setzen oder zu legen und beginnen Sie, ihn zu streicheln. Beginnen Sie an Stellen, an denen er gern angefasst wird. Die meisten Hunde lieben es, hinter den Ohren oder unter dem Bauch gekrault zu werden. Oftmals lassen sie sich dann auch direkt fallen und präsentieren freiwillig den Bauch. Bitte zwingen Sie Ihren Hund nicht dazu. Versuchen Sie also nicht, ihm die Beine wegzuziehen oder ihn durch Schieben oder Drücken in eine liegende Position zu bekommen. Sie werden in den seltensten Fällen damit erfolgreich sein. Zudem wird Ihr Hund so die folgende Massage mit Sicherheit nicht genießen.

Beginnen Sie nun, mit langen Bewegungen Ihren Hund von oben nach unten auszustreichen. Anfangs sollten Sie dabei noch keinen Druck ausüben. Gehen Sie danach in eine Massage mit kreisförmigen Bewegungen über. Sie können Haut und Muskeln auch leicht Kneten oder Rollen. Einige Physiotherapeuten bieten Massage-Seminare für Hundehalter an. Am besten lassen Sie sich die Griffe einmal in einem solchen Seminar zeigen, so haben Sie die Sicherheit, dass Sie nichts falsch machen. Beenden Sie die Massage wieder, indem Sie Ihren Hund von oben nach unten ausstreichen.

Natürlich wird diese Massage immer nur den Aspekt der Wohlfühlmassage erfüllen. Massagen zur Behandlung gesundheitlicher Probleme dürfen nur vom Fachmann durchgeführt werden!

MEIN TIPP

Schmerzempfinden

Beim Verwöhnen Ihres Vierbeiners können Sie auch feststellen, ob es ihm irgendwo wehtut. Zeigt er an einer Stelle Schmerzempfindlichkeit, indem er aufschreit, hechelt oder sich der Behandlung entziehen will, ist dies ein deutliches Zeichen. In dem Fall sollten Sie Ihren Hund dem Tierarzt oder Physiotherapeuten vorstellen.

GEMEINSAME KUSCHELSTUNDEN

Nicht immer muss aber mit der gemeinsamen Zeit auch noch ein zweiter Aspekt verfolgt werden. Gerade im Alter werden viele Hunde immer verschmuster und anhänglicher. Genießen Sie dann einfach die gemeinsamen Stunden. Denn seien wir mal ehrlich: Gibt es etwas Schöneres, als gemeinsam mit dem Hund auf dem Sofa zu liegen, eng aneinandergekuschelt, gemütlich unter der Wolldecke, und dabei das leise Schnarchen zu hören? Stundenlang kann ich dabei in das Gesicht meines Hundes schauen, mich an die vielen gemeinsamen Erlebnisse erinnern und dankbar die Zeit, die uns noch bleibt, genießen. Ich wünsche Ihnen allen, dass auch Sie diese Erfahrung mit Ihrem Hund machen dürfen!

5

Service

Nützliche Adressen

- **Martin Rütter DOGS**
  Die Hundeschulen für Menschen
  www.martinruetter.com/hundeschulen

Hundeverbände

- **Fédération Cynologique Internationale (FCI)**
  Place Albert 1er, 13
  B – 6530 THUIN
  Telefon: +32 (0) 71 59 12 38
  Telefax: +32 (0) 71 59 22 29
  E-Mail: info@fci.be
  Internet: www.fci.be

- **Verband für das Deutsche Hundewesen (VDH) e. V.**
  Westfalendamm 174
  D – 44141 Dortmund
  Telefon: +49 (0) 231 565 00-0
  Telefax: +49 (0) 231 592 440
  E-Mail: info@vdh.de
  Internet: www.vdh.de

Quellen

- Zaminer, A. (2011): **Leonberger – Assoziation zwischen Inzuchtkoeffizienten und Wurfgröße sowie Situation zur Lebenserwartung.** Diplomarbeit Veterinärmedizinische Universität Wien.

- Waters, D. J. et al. (2011): **Probing the perils of dichotomous binning: How categorizing female dogs as spayed or intact can misinform our assumptions about the lifelong health consequences of ovariohysterectomy.** Theriogenology 76, 1496 – 1500.

- Strodtbeck, S. (2015): **Vom Welpen zum Senior.** Müller-Rüschlikon, Stuttgart.

- Ehmke, T. (2016): **Alter Hund.** Der richtige Umgang mit Hundesenioren. Oertel+Spörer, Reutlingen.

- Schneider, B.M. (2013): **Wenn der Hund alt wird.** hundkatzepferd 04/13, 17 – 19, succidia AG, Darmstadt.

Die Autoren

Martin Rütter gründete 1995 sein „Zentrum für Menschen mit Hund“, in dem er nach neuesten wissenschaftlichen Kenntnissen aus der Verhaltensforschung seine Trainingsphilosophie DOGS aufbaute und diese bis heute weiterentwickelt. Mittlerweile gibt es in ganz Deutschland, Österreich, Südtirol und in der Schweiz Hundeschulen, die nach DOGS arbeiten und in denen vor allem der Mensch im Vordergrund steht und mit seinen Problemen ernst genommen wird. Immer mehr Mensch-Hund-Teams profitieren von diesem Angebot. Doch auch das Entertainment hat es Martin Rütter angetan, und es ist ein großes Erlebnis, ihn live auf seinen Tourneen zu erleben. Zudem setzt er sich in den Medien für eine bessere Mensch-Hund-Beziehung ein. In seinen TV-Sendungen „Der Hundeprofi“ und „Der VIP-Hundeprofi“ hilft Deutschlands beliebtester Hundeexperte auch in schwierigen Fällen.

Andrea Buisman lebt in Zülpich bei Köln mit ihren Labrador Retrievern, mit denen sie aktiv die verschiedensten Beschäftigungsformen für Mensch und Hund ausübt. Hierzu zählen z. B. Agility, Apportiertraining, Jagdliches Training und Zughundesport. Sie ist seit 2003 im Team von Martin Rütter. Abgesehen von ihren Spezialgebieten „Mehrhundehaltung“ und „Jagdverhalten“ ist sie gefragte Referentin für Trainerfortbildungen zu Themen wie „Welpen“ oder „Aggression bei Hunden“. Sie bildet angehende DOGS Coachs aus und ist für die fachliche Betreuung des Netzwerkes der DOGS Hundeschulen zuständig. Andrea Buisman züchtet zudem Labrador Retriever im Deutschen Retriever Club unter dem Zwingernamen „Speed'n Style“.

Register

A
Abschied **60 ff.**
Adipositas **15**
Agility **128**
Aktivität **28**
Akustische Signale **42 f.**
Alleinbleiben **22**, **78**
Alltag **71 ff.**
Alltagshilfen **86 ff.**
Alter, Einflüsse auf das **15**
Altersanzeichen **16 f.**
Alters-Check **23**, **41**
Altersflecken **55**
Alterskrankheiten **28**, **40 ff.**
Altersweitsichtigkeit **41**
Anzeige trainieren **119**
Apportieren **126 f.**
Apportieren im Alltag **128**
Arthrose **21**, **87**
Aufnahme eines alten Hundes **102 ff.**
Augen **35**
Augenleistung **16**
Ausdauertraining **52**
Autorampe **92 f.**

B
Baden **30**, **142**
Ballenrisse **36**
Bandagen **55**
Bedürfnisse, veränderte **10**
Begegnungen mit Hunden **74**
Begleitung zur Arbeit **79**
Belgischer Wechsel **132**
Beschäftigung **111 ff.**
Bestatten im Wald **64**
Bestattung des Hundes **64 f.**
Beutespiele **126 f.**
Bewegung **15**, **28**
Bindung **106**
Blickkontakt aufnehmen **47**
Blindheit **41 ff.**
Böden, glatte **86**
Bürokratie **66 f.**
Bürsten **31**

C
Cavalettitraining **144 f.**

D
Darmtätigkeit **20**
Degenerative Myelopathie **54**
Degility **129**
Demenz **21**, **58 f.**
Diabetes **39**, **51**, **58**
Distanz aufbauen **138**
Distanztraining **136**
Dunkelheit **44**
Durchlaufen des Tunnels **134**
Durchlaufen eines Hoops **134**

E
Einäscherung **65**
Einschläfern des Hundes **62 f.**
Ellenbogendysplasie **52**
Entwicklung im ersten Jahr **18 f.**
Ernährung **38 f.**
Euthanasie **62**

F
Fährte **116 f.**
Fährte ausarbeiten **117**
Fährte auslegen **116**
Fell scheren **31 f.**
Fell, verfilztes **31**
Fellpflege **29**, **31 f.**, **149**
Fellveränderungen **17**
Fließende Gewässer **142**
Fressunlust **39**
Führhand **137**
Futtersuche **114**
Fütterung **38 f.**
Fütterungszeiten **78**

G
Garten **112**
Gebärmutterentzündung **57**
Gefährliche Stellen **91**
Gegenhand **137**
Gegenstand anzeigen **119**
Gehör **16**
Geistige Auslastung **111**
Gelenke **20**
Gelenkskrankheiten **87**
Gelenksprobleme **20 f.**, **52 f.**
Geriatrischer Check **41**
Geruchssinn **50**
Geschirr **80**
Gesundheit **27 ff.**
Gesundheitszustand überprüfen **29**
Gewohnheiten beibehalten **76 ff.**
Grauer Star **41**

H
Haararten **32**
Haftpflichtversicherung **66**
Haustierzentralregister **67**
Haut **20**
Hautprobleme **55**
Herzinsuffizienz **57**
Herzprobleme **21**, **57**
Hilfsgeschirr **53**
Hol die Anna **100**
Hoopers **130 ff.**
Hörleistung, nachlassende **45**
Hörtests **45**
Hörzeichen **42**
Hüftgelenksdysplasie **52**
Hundeanhänger **94**
Hundebuggy **94**
Hundefrisör **33**
Hundemantel **34 f.**
Hundepfeife **42 f.**
Hundeschule **114**
Hundesitter **81**
Hundesteuer **67**
Hundezahnpasta **38**

I
Immunsystem **20**
Inkontinenz **20**, **51**
Inkontinenzmatte **51**
Intelligenzspiele **116**

K
Klassischer Wechsel **133**
Knochenkot **39**
Knochenkrankheiten **87**
Kognitive Dysfunktion **58 f.**
Konditionierung auf einen Gegenstand **120**
Kontakt mit anderen Hunden **44**, **112**
Kontakt mit Menschen **43**
Kontakt zu Artgenossen **44**, **112**
Körperliche Auslastung **111**
Körpersprache **47**
Krallen **20**, **36**
Krallenpflege **29**
Krallenschneiden **36**
Krankheiten vorbeugen **28 ff.**
Kreislaufzusammenbruch **112**
Kühldecke **35**
Kühlweste **35**
Kuscheln **149**

L

Lebenserwartung von anderen Tierarten **14**
Lebenserwartung von Hunden **14 f.**
Lebensqualität **62**
Leckerchen erschnüffeln **114 f.**
Liegeplatz **87 f.**
Liegeschwielen **55 f.**
Linsentrübung **41**
Lipom **56**
Löseplatz **51**

M

Magen-Darm-Erkrankungen **20**
Mahlzeiten **39**
Massage **148 f.**
Massagebürste **31**
Matte, viscoelastische **56, 87**
Meldepflichtige Erkrankung **64**
Mimik **47**
Mobility **129**
Muskeln **20**

N

Nähe gestatten **83**
Nasenarbeit **119 f.**
Natürlicher Tod **60 f.**
Neuer Hund **67**
Niereninsuffizienz **39, 51**
Nierenprobleme **57**
Notfall **112**

O

Ohren **35**
Ohrentzündung **36**
Ohrreiniger **35**
Östrogen **16**

P

Pension **81**
Pfeife **42 f.**
Pflege **29**
Pfötchen geben **123**
Pfoten **36**
Pfotenschuhe **55**
Pfotenverletzungen **55**
Physiotherapie **140 ff.**
Pilzbefall **36**
Prostataprobleme **57**

R

Rampen **90**
Rangwechsel **98**
Regenmantel **32**
Richtungshören **47**
Riechleistung **16**
Routinen **21**
Rücksichtnahme **75**
Rudel, Leben im **96 ff.**

S

Schilddrüsenunterfunktion **56**
Schlaf **74**
Schlafplatz **89**
Schleppleine **43, 47**
Schmerzempfinden **149**
Schnüffelspiele **114**
Schnüffelteppich **115**
Schwimmen **53, 142 f.**
Senioren im Tierheim **102 f.**
Shampoo **30**
Sich drehen **125**
Sicherheit **43**
Sichtzeichen **45**
Signal „Achtung" **43**
Sinnesleistungen **16**
Spaziergänge **74, 112**
Spaziergänge gestalten **79 f.**
Spondylose **53, 87**
Spuren verfolgen **116 f.**
Spurensuche **116**
Stoffwechselveränderungen **31**
Stubenunreinheit **51**
Suche im Karton **116**
Suche nach Gegenständen **119 f.**

T

Tagesablauf, regelmäßiger **77**
Tagesbetreuung **83**
Taubheit **45 f.**
Teppiche **86**
Tiefschlafphasen **21**
Tierarzt **23, 41**
Tierbestatter **65**
Tierfriedhof **65**
Tierkörperverwertung **65**
Tierschutzhunde **102**
Tod **60 ff.**
Touch **124**
Tragegeschirr **91**
Tragen **90**
Tragetasche **95**
Training **111 ff.**
Training der Muskulatur **143**
Training im Wasser **142**
Training mit Zielgegenstand **138**
Training mit zwei Pylonen **132**
Trennungsangst **59, 78**
Treppen **90 f.**
Tricktraining **122 ff.**
Tumoren **55 f.**
Türklappe **51**

U

Übergewichtige Hunde **15, 58**
Umgebung, gewohnte **76**
Umrunden aus der Distanz **133**
Umrunden einer Tonne **131**
Umrunden eines Pylon **130**
Umwelteinflüsse **15**
Unterwollkamm **31**
Urlaub **81**

V

Veränderung des Fells **17**
Verstecken von mehreren Gegenständen **127**
Verstopfung **20, 39**
Verwöhnen **82**
Vestibularsyndrom **59**
Vibrationshalsband **48**
Vorsorgemaßnahmen **27**

W

Warzen **55**
Wasseraufnahme **39**
Windeln **51**

Z

Zähne **37 f.**
Zähne putzen **38**
Zahnfleischprobleme **37**
Zahnschmerzen **37**
Zahnstein **37 f.**
Zahntierarzt **37**
Zerrspiele **128**
Zweithund **97 f.**

160 Seiten, ca. € (D) 19,99

Martin Rütter und Andrea Buisman beraten Familien in allen Fragen rund um Kind und Hund. Warum ist es so wichtig, dass der Hund zur Familie passt, und wie findet man den Traumhund? Welche Regeln müssen sowohl vom Hund als auch von den Kindern eingehalten werden? Kinder erfahren, wie sich ein Hund verständigt, welche Bedürfnisse er hat und wo sie bei der täglichen Pflege mithelfen können. Außerdem präsentieren die Autoren spannende Vorschläge für Spiele mit dem Hund und Aktivitäten beim Spaziergang – für alle Altersstufen, vom Kindergartenkind bis hin zum Teenager.

Furcht vor Donnergrollen, Panik beim Auto- oder Bahnfahren, Angst vor Artgenossen – ängstliche Hunde liegen Martin Rütter besonders am Herzen, denn diese leiden oftmals still und ihre Menschen mit ihnen. Auch Hunde aus dem Tierschutz, die mit einem neuen Lebensumfeld konfrontiert werden, sind häufig davon betroffen. Zusammen mit Co-Autorin Andrea Buisman erklärt der Hundeprofi, wie man die ersten Anzeichen von Angst und Unsicherheit erkennt, welche Ursachen dahinterstecken und welche Möglichkeiten es gibt, seinem Hund mehr Selbstvertrauen und damit mehr Lebensqualität zu geben.

176 Seiten, ca. € (D) 22,00

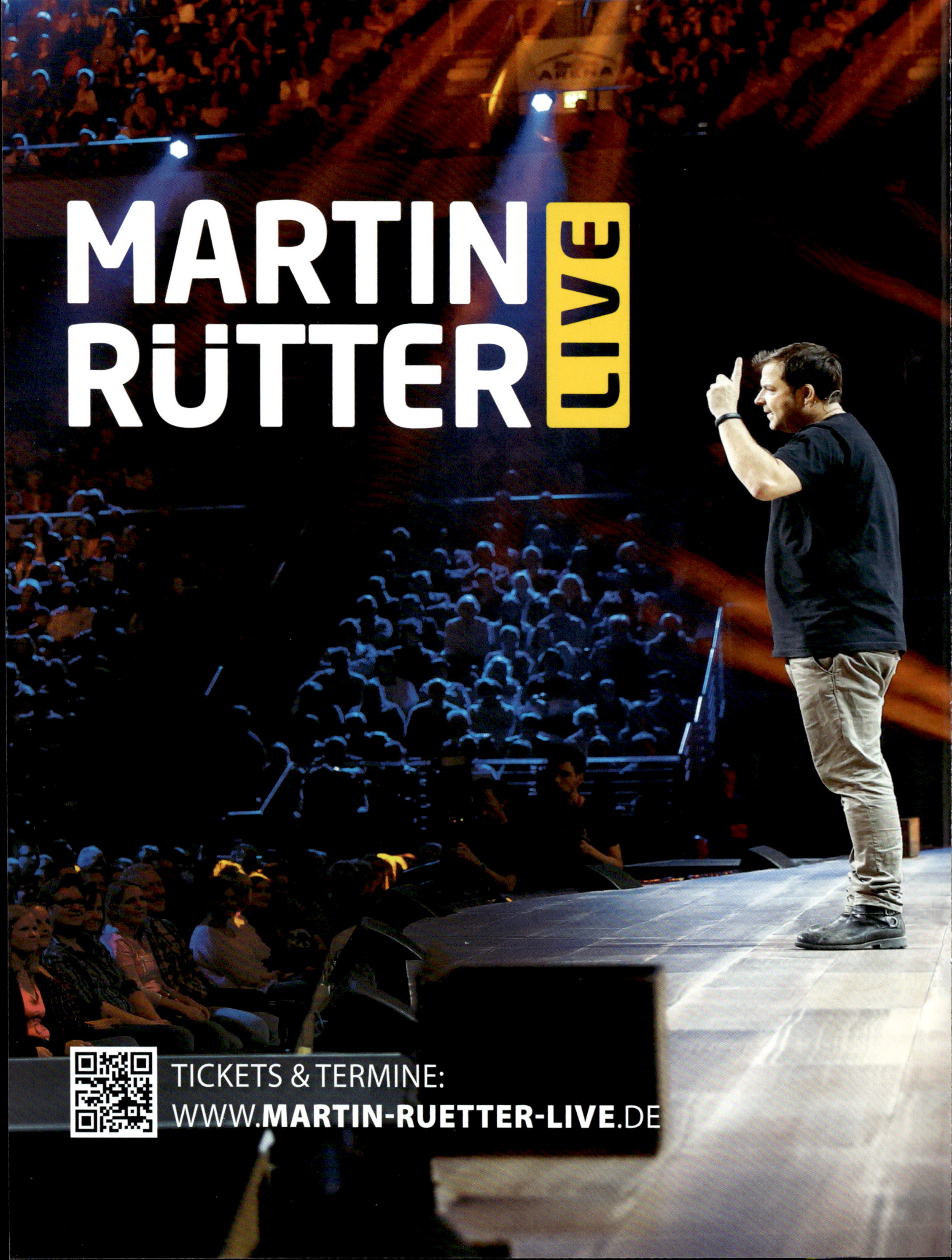
MARTIN RÜTTER
LIVE
TICKETS & TERMINE:
WWW.MARTIN-RUETTER-LIVE.DE

Bildnachweis

166 Farbfotos wurden von Klaus Grittner für dieses Buch aufgenommen.
Weitere Farbfotos von Melanie Grande/Kosmos (2: S. 8, 9).

Impressum

Umschlaggestaltung von GRAMISCI Editorialdesign, München unter Verwendung von zwei Farbfotos von Klaus Grittner.

Mit 168 Farbfotos.

Gedruckt auf chlorfrei gebleichtem Papier

ISBN 978-3-440-14598-2
Redaktion: Hilke Heinemann
Gestaltungskonzept: GRAMISCI Editorialdesign, München
Gestaltung und Satz: Atelier Krohmer, Dettingen/Erms
Produktion: Nina Renz
Druck und Bindung: FIRMENGRUPPE APPL, aprinta druck, Wemding
Printed in Germany / Imprimé en Allemagne

FSC
www.fsc.org
MIX
Papier aus verantwortungsvollen Quellen
FSC® C004592

NOCH MEHR MARTIN RÜTTER
Hunde beschäftigen — mit Martin Rütter
BUCH – HUNDE BESCHÄFTIGEN
Problem — gelöst! mit Martin Rütter
BUCH – PROBLEM GELÖST!
Sprachkurs Hund — mit Martin Rütter
BUCH – SPRACHKURS HUND
MARTIN RÜTTER FREISPRUCH!
BUCH – FREISPRUCH!
DER TUT NIX
HUNDE-MENSCH
DER WILL NUR SPIELEN!
DIE WILL NUR SPIELEN!
DIE TUT NIX
FREISPRUCH!
T-SHIRTS (m/w)
GESCHIRRE (verschiedene Varianten)
FANBECHER/ FANBECHER-SET
HUNDELEINEN (verschiedene Varianten)
PFEIFEN
DOGS FUTTERBEUTE
MARTIN RÜTTER SHOP
Diese und weitere Produkte:
www.shop.martinruetter.com